1a. エゴノキハツボフシ，1b. 虫こぶ内の蛹 [p.9−20、p.254]。2. エゴノネコアシフシ [p.19−20]。3a. ヤドリギアブラムシの虫こぶ，3b. 表面拡大，3c. 冬の虫こぶ。4. ヤドリギ上のヤドリギアブラムシ [p.255−256]

1. ヌルデミミフシ [p.45−49]。2a. ヌルデハサンゴフシ，2b. 虫こぶ表面，3. ヌルデハベニサンゴフシ。4. マンサクメイガフシ。5. マンサクメイボフシ。6. マンサクメサンゴフシ（*Hamamelistes betulinus*による）。7. マンサクハフクロフシ。

1a. イスノキエダチャイロオオタマフシ，1b. 発育途中の虫こぶ［p.149－156］。2a. ニガクサツボミフクレフシ，2b. 虫こぶ内のヒゲブトグンバイ［p. 67］。3a. ムシクサツボミタマフシ，3b. 虫こぶ内のゾウムシ幼虫。4a. クロモジハクボミフシ，4b. 葉裏側［p.140－143］。

1a. エノキハツノフシ，1b. "カイガラ"。2a. エノキハクボミイボフシ，2b. "カイガラ" [p.125 − 135, p.259 − 260]。3a. ムクノキハスジフクレフシ，3b. 葉裏側，3c. 葉表側，3d. 2月に枝に残る虫こぶ [p.135 − 140, p.260]。 4a-b. クロスジホソアワフキによる葉の変形，4c. "泡"からの羽化 [p.263 − 265]。

1a. クヌギハナカイメンフシ (◎), 1b. クヌギハケタマフシ (○) [p.98]。2a. ナラメイガフシ (○), 2b. ナラワカメコチャイロタマフシ (◎) [p.79-80]。3a. ナラメリンゴフシ (◎), 3b. ナラメリンゴタマバチ [p.79-80]。4a. ナラエダムレタマフシ (○) から分泌される蜜に誘われるアリ, 4b. ナラハグキコブフシ (◎, 寄主はカシワ), 4c. 葉裏側。 (◎は両生世代虫こぶ, ○は単性世代虫こぶ)

1a. ノブドウミフクレフシ，1b. 虫こぶを食べるブドウトリバ幼虫。2a. ウツギメタマフシ（ノブドウミタマバエの冬世代虫こぶ），2b. 虫こぶ内の蛹。3a. バクチノキミミドリフシ [p.267]，3b. 虫こぶ内部。4a. ヒイラギミミドリフシ，4b. 小型の方が虫こぶ（3・4はダイズサヤタマバエの冬世代虫こぶ）[p.195-198]。5. シバヤナギハウラタマフシ [p.156-159, p.261-262]。6. ニシキウツギハコブフシ [p.159-166, p.261]。

1a-b. ヨウシュヤマゴボウミフシ，果実上に蛹殻が残っている。キヅタミタマバエの夏世代虫こぶの一つ（1a：小橋理絵子氏提供）[p.268-271]。2. キヅタミフシ [p.269]。3a. ハリエンジュハベリマキフシ，3b.幼虫 [p.266]。4a. ゲッケイジュハベリマキフシ [p.265]，4b. 葉裏側。

1. ツバキの花芽の餅病菌による菌えい。2. ツバキコナ餅病菌による菌えい。3. ヤブニッケイの黒穂病菌による菌えい。4. ヤクシマシャクナゲの玉餅病菌による菌えい。5. サツキの餅病菌による菌えい。6. サザンカの餅病菌による菌えい［p.73, 90］。

虫こぶ入門
[増補版]
―虫えい・菌えいの見かた・楽しみかた―

虫こぶ入門

[増補版]

―虫えい・菌えいの見かた・楽しみかた―

薄葉 重 著

八坂書房

目　次

序　章　春のマジック　―舞台はエゴノキ …………………9

第1章　虫こぶの文化誌 ……………………………21

  1．虫こぶの歴史 ………………………………22
    虫こぶをめぐる関心と混乱 ……………………22
    日本の古い記録に見る虫こぶ …………………24
      笹魚…ナラゴウ…五倍子…イスノキの虫こぶ
      …マタタビの虫こぶ

  2．虫こぶの利用 ………………………………29
    虫こぶが利用されてきたわけ …………………29
    どのように利用されてきたのか …………………30
      薬にする…インクをつくる…なめす…染める
      …食べる…入れ墨・お歯黒・花材・除草など

  3．有名な虫こぶ ………………………………43
    没食子 …………………………………………43
    五倍子 …………………………………………45

  4．イチジク果の中の虫こぶ ……………………49

  5．飛び跳ねる虫こぶ ……………………………54

  6．忠誠のシンボルとして ………………………57

  7．奇妙な学名 ……………………………………60

  8．植物図鑑に現われた虫こぶ …………………63
    イスノキ…ヌルデ…ノブドウ…マタタビ
    …ニガクサ…ムシクサ…シラヤマギク…

マコモ…エゴノキ…ケヤキ

第2章　虫こぶの生物学 …………………………………71

1. 虫こぶの定義 …………………………………72
2. ゴールの細胞や組織の特徴 …………………74
3. ゴール形成の仕組 ……………………………77
4. ゴールのつくりとでき方 ……………………81
5. ゴールが見られる植物 ………………………85
6. ゴールをつくる生物 …………………………89
7. タマバチ類とその生活 ………………………92
　　分類上の位置とおよその生活 ………………93
　　生活史の型 ……………………………………94
8. タマバエ類とその生活 ………………………100
　　分類上の位置とおよその生活 ………………100
9. 虫こぶを利用する他の生き物 ………………102
　　寄生者（Parasite）……………………………103
　　寄居者（Inquiline）……………………………109
　　サクセッソリ（Successori）…………………111
　　共生者 …………………………………………111
10. 虫こぶの害 ……………………………………113
　　ヘシアンフライ ………………………………113
　　フィロキセラ（ブドウネアブラムシ）………114
11. "移動"する虫こぶ ……………………………117
　　クリタマバチ …………………………………117
　　イギリスでのタマバチの分布拡大 …………119
　　日本の帰化植物の虫こぶ ……………………120

第3章　虫こぶ観察ノートから …………………………125

1. カイガラキジラミ ……………………………125

目　次

2. ムクノキトガリキジラミ ……………………………135
3. トゲキジラミ ……………………………………140
4. タケノウチエゴアブラムシ ……………………143
5. イスノキの虫こぶ ………………………………149
6. シバヤナギのハバチによる虫こぶ ……………156
7. ニシキウツギハコブフシ ………………………159
8. 日本の野生イチジク類とコバチ類 ……………166
   - イヌビワ ……………………………………166
   - アコウ，ガジュマルなど …………………170
9. ヤブコウジクキコブフシ ………………………173
10. アオカモジグサクキコブフシ …………………176
11. ヨシメフクレフシと寄生蜂 ……………………179
12. ヨシのタマバエによる虫こぶ …………………187
13. ハリオタマバエ類 ………………………………191
    - キヅタツボミフシ …………………………192
    - シラキメタマフシ …………………………192
    - ヘクソカズラツボミホソフシ ……………194
    - ヒイラギミミドリフシ ……………………195
    - ヤブコウジフクレミフシ …………………195
    - アセビツボミトジフシ ……………………196
    - ダイズサヤクビレフシ ……………………197

終　章　日本の虫こぶ研究 …………………………199

付録（A）　虫こぶ観察の手引き ……………………202

1. 採集 ………………………………………………202
2. 探し方のポイント ………………………………203
3. 飼育 ………………………………………………205
4. 虫こぶの記録・標本の保存 ……………………206

5. 野外観察 …………………………………………208
付録（B）　日本で普通に見られるゴール ………209

　あとがき …………………………………………221
　用語解説 …………………………………………225
　参考文献 …………………………………………233
　索　引 ……………………………………………241
　補　遺 ……………………………………………253

序　章

春のマジック
舞台はエゴノキ

―――――――――

　遠く秩父の山からの流れは，武蔵野の台地を削りとり，荒川となる。これに流入する支流により，台地と平地とは複雑にからみ合う。ともに平らな部分は水田・畑そして宅地に変えられていく。わずかな斜面だけにコナラ，イヌシデそしてシイやシロダモの林が残っている。薪(まき)として利用されることのなくなった昨今では，手入れもしないかわりに，出入りの制限もあまりない。いずれ宅地化されるまでの一時，これらの斜面林は自然観察のためのよいフィールドになる。斜面の下に育っている木の様子を，上から調べることができるので，木登りの手間ひまを省くことになる。エゴノキは，大木にはならないが，このような斜面林の常連である。

　ある年の5月中ごろ，エゴノキの小枝に，奇妙なものが生じているのに気づいた(図1)。長さ6-7 mm，直径4-5 mmの"つぼ"状-ラグビーボール状のもので，緑色で先端には小さな孔(あな)が開いていた。最初は蕾(つぼみ)と思ったが，本当の蕾は，このころすでに長い柄(え)をつけているのに対し，この"つぼ"には柄はない。割って内部を見ると空洞になっており，雄しべや種子らしいものもない。葉でも蕾でも果実でもないとするとこれはいったい何もので

図1　エゴノキハツボフシ。長い柄のものは花の蕾。

図2　葉が出はじめたころのエゴノキハツボフシ。

あろうか。また，先端の小さな孔(あな)は，何が出たのか，それとも入ったのか。まるで"種も仕掛けもない"マジックを見せつけられているようだった。時どき割って中を調べてみたものの，とくに変化は見られず，謎解きは次の春に持ち越された。

次の年の3月中ごろ，エゴノキの枝先を見ると，葉の出方にはかなりの差があり，葉が2-3枚出たところを調べたら，すでに長さ2 mm，直径1 mmほどの例の"つぼ"になると思われるものがあった（図2）。4月になって，"つぼ"の長さが5 mmほどに大きくなったとき，内部を調べてみた。"つぼ"には1匹ずつ，黄白色の蛆(うじ)が入っていた。調べてみると，この蛆は胸骨(きょうこつ)と呼ばれる特殊なキチン質の突起が存在していることなどから，タマバエ類の幼虫であることがわかった。

つまり，この"つぼ"は，タマバエ幼虫の摂食に伴う刺激により，エゴノキの葉の組織が異常に増殖してできた，いわゆる虫こぶだったのである。

幼虫は，この虫こぶの中で，内壁を削りとったりして食べて育つ。つまり幼虫にとって虫こぶは，住まいであるとともに食料貯蔵庫でもあるのだ（図3）。

やがて"つぼ"の中の幼虫は，黒色の硬い殻に包まれた蛹(さなぎ)になる（図3）。この蛹の頭頂部には1対の突起があり，恐らくこれを用いて"つぼ"の先端に小孔をうがつ。そして体を動かしながらその半身を"つぼ"の先端に乗り出させる。ここで蛹の背中が割れて成虫が羽化してくる（図4）。軽業師のようで，かなり危険な気がするが，うまくこなしているようだ。蛹に生えている剛毛などが前進や体の保持に役立っているのだろう。

"つぼ"の先端に残っていた小孔は，タマバエの蛹が虫こぶから脱出するときにうがたれたものだったのである。

この虫の場合，虫こぶの成長はきわめて早く，約1か月で成虫が羽化脱出してくる。ところが羽化した成虫がいつ，どこに産卵

序章　春のマジック

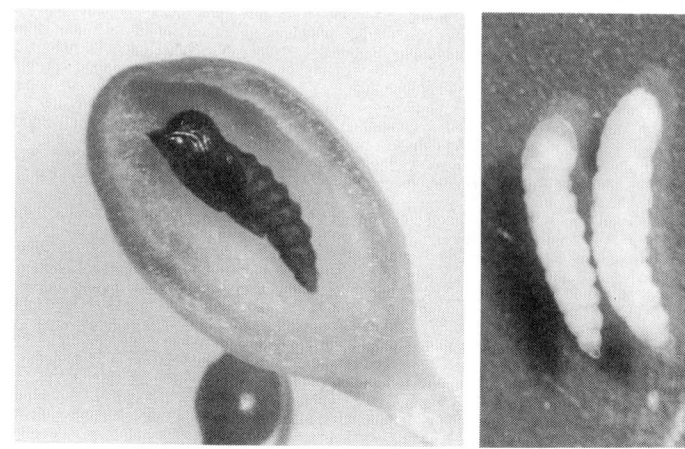

図3　エゴノキニセハリオタマバエ。虫こぶ内の蛹（左）と幼虫（右）。

図4　虫こぶから脱出中のタマバエの蛹（矢印）。

するかがわかっていない。年1化性—1年に1回成虫が出現する—と考えられるので，今のところは，エゴノキの葉のつけねにある，来年のために準備されている芽に産卵すると推定されている。来年の芽には，花をつける枝になる芽と，花をつけない枝になる芽とがあるが，両者を区別しないで産卵するのだろうか。

3月中ごろ，ふくれ出した虫こぶの中の幼虫は，前年の5月に芽に産みつけられた卵からかえったものであろう。もしそうならば，前年5月に産みつけられた卵は，芽の中で夏と冬を越し，年明けた春，エゴノキの芽出しとともに卵からかえることになる。

エゴノキの葉に虫こぶをつくらせるには，細胞の増殖の盛んな春に，幼虫がかえった方がよいと思われる。ちょうどその時期に合わせて10か月以上にわたる卵の休眠を解く仕組がどうなっているのか，またその仕組がどのようにして生じたのかを考えると興味がさらに深まってくる。

タマバエ幼虫にとって虫こぶは食堂兼寝室と考えられ，いわば三食昼寝つきの快適な生活空間のように思われる。そのように快適そのものの生活ならタマバエはどんどん増えてもよさそうである。しかし，虫こぶがつき過ぎて枯れてしまったエゴノキの木を見たことがない。寝室と思った虫こぶは，案外牢獄なのかもしれない。それ以上の"悪さ"をしないように，一か所に，エゴノキがタマバエ幼虫を閉じ込めているのだと考えられなくもない。また，虫こぶは「ここにタマバエ幼虫がいますよ，寄生してください」とタマバエに寄生する蜂に知らせる広告塔なのかもしれない。虫こぶの外から，産卵管を突き刺し，タマバエ幼虫の体に産卵する寄生蜂がいるのだ（図5）。これらの蜂の中には，同じような形の虫こぶを目安にして寄生する相手を探すものがあるという。とすれば虫こぶらしい虫こぶほど狙われやすいことになる。知らぬふりして，エゴノキはかなりのしたたかものなのかもしれない。

ところで，エゴノキの葉には，つぼ状の虫こぶしかつかないの

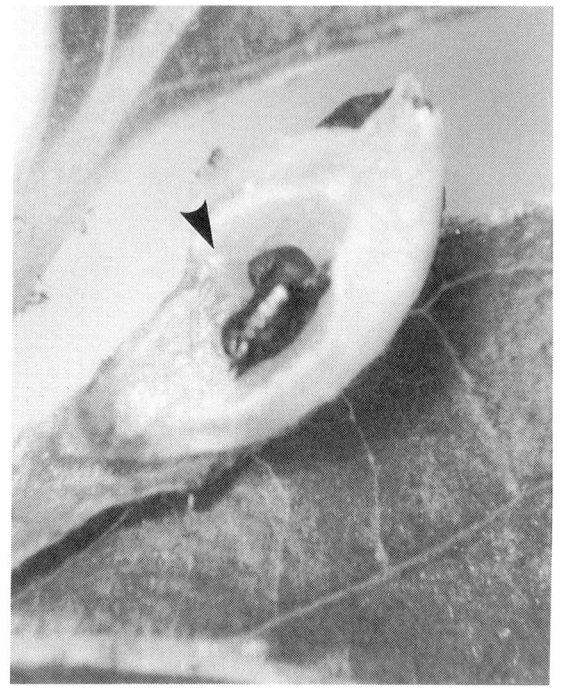

図5 蛹に外部寄生しているコバチの幼虫（矢印）。

だろうか。浦和市（埼玉県）の斜面林などでは，その他に少なくとも2種類，タマバエによる虫こぶがエゴノキの葉に見られる。

　1種はエゴノキハウラケタマフシで，表面に毛状の突起のある虫こぶであり，タマバエ幼虫は5月末には脱出して地中に入る。他の1種はエゴノキハヒラタマルフシで，虫こぶの成長はゆるやかで，タマバエ幼虫は秋に脱出する（図6，7）。いずれも地中で越冬し，春に羽化する。図8は，4月にエゴノキの葉に産卵中だったタマバエであるが，どの虫こぶと関連するのかは明らかでない。タマバエの"タマ"とは虫こぶの"こぶ"の意味だが，図8はハエというよりはカ（蚊）というイメージである。ある図鑑で

図6　エゴノキハウラケタマフシ。

図7　エゴノキハヒラタマルフシ。

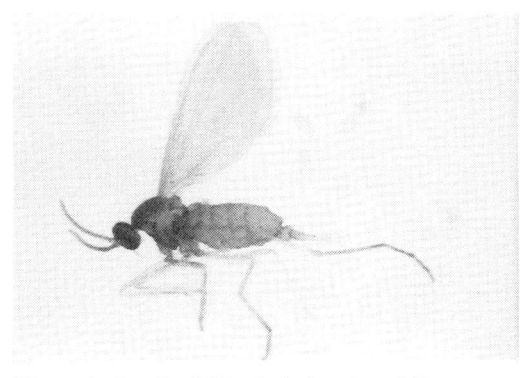

図8　エゴノキの葉に産卵していたタマバエの1種。

表1　エゴノキによく見られる虫こぶ

名称	虫こぶ形成生物
エゴノキハツボフシ (図1-5)	エゴノキニセハリオタマバエ [*Asteralobia styraci*]
エゴノキハウラケタマフシ (図6)	タマバエ類
エゴノキハヒラタマルフシ (図7)	タマバエ類
エゴノキミフシ (図9)	タマバエ類
エゴノキメ (ツボ) フシ (図10)	タマバエ類
エゴノキエダフクレフシ	タマバエ類
エゴノキハフクレフシ (図11)	クロトガリキジラミ [*Trioza nigra*]
エゴノネコアシフシ (図12)	エゴノネコアシアブラムシ [*Ceratovacuna nekoashi*]

は，タマバエをタマカとしているが，その気持はよくわかる。しかし今のところ，あまり同調者はいないようである。

　同じエゴノキの葉に，同一場所で別種のタマバエによってそれぞれ特有の形の虫こぶがつくられることもある。

　虫こぶができるのは葉だけなのだろうか。花にできる，前述のとは別種のタマバエ幼虫による虫こぶもある。花といっても蕾のうちに，外から子房に産卵する。卵は細長く，産卵管を突き刺した痕は褐色になって残る。卵からかえった幼虫は白色で太っており，子房内部を食べて育つ。そのため花は開くことなく，種子も形成されない。正常な果実の4分の1ぐらいで発育が止まってしまう。

　やがて，幼虫を中に入れたまま虫こぶは地上に落下する。このように，虫こぶの中には，正常な発育を未熟な段階で停止してしまうのものある（図9）。

　エゴノキには，タマバエ以外の昆虫による虫こぶもある。

　その一つは，クロトガリキジラミによる葉ふくれ型の虫こぶである。葉表側に高さ1 mmにも達しないふくらみが生じ，葉裏側の凹んだ部分には扁平楕円状の幼虫が上向きに位置している（図

図9　エゴノキミフシ（写真中央の大形のものは正常な果実）。

図10　エゴノキメ（ツボ）フシ。

18　序　章　春のマジック

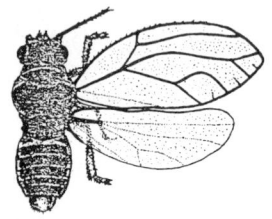

図11　エゴノキハフクレフシとその虫こぶ形成昆虫クロトガリキジラミ（体長2mm前後）（『日本昆虫図鑑』，北隆館，1954より転載）。

図12　エゴノネコアシフシ（虫こぶの上に脱出した有翅のアブラムシが見える）。

11)。虫こぶとしては特殊化していない部類に属する。キジラミ類には，虫こぶをつくらないものとつくるものとがあり，前者の方が多い。

　もう1種はエゴノネコアシフシと呼ばれるアブラムシによる虫こぶである（図12）。今まで述べてきた虫こぶでは，1個の虫こぶの中に1匹の虫が入っていた。ところが猫の脚指にたとえられたバナナ状の虫こぶには，それぞれ数十匹のアブラムシが見られる。このアブラムシはすべて雌で，ただ1匹の雌がもとになり，雌が雄なしで雌を産んだ同族の雌集団である。7月になると虫こぶの先端に孔が開き，有翅のアブラムシが飛び出していく。このアブラムシはどこに飛んでいくのだろうか。また古人がハスの花（蓮華）にたとえた"猫脚"状の虫こぶはどのようにして形成されるのだろうか。

　葉が落ちて見通しのよくなった林に入ってみる。春から夏，そして秋。多くの虫たちが通り過ぎていったエゴノキはまだまだ健在だ。枝先には，黒褐色になり，あちこちに破れの入ったエゴノネコアシフシが冷たい風の中でうちふるえている。しかし，樹皮の割れ目には，アシボソ（イネ科）から戻ってきたエゴノネコアシアブラムシの有翅虫に由来する小さな卵［注1］があちこちに見られる。来年は"猫脚"のつくられ方を追ってみよう［注2］。

　枯れていると思われるような細い枝。目立たないが芽はちゃんとついている。この芽のうちのどれかに，"つば"つくりのタマバエの卵が産みつけられ，春の幕開けをじっと待っているはずだ。そしてあの枝の一部は少しふくれている。割ってみると橙色の幼虫がいる。タマバエかもしれない………。

　積もった落葉を静かに払いのける。なつかしい腐葉土のにおい。果皮が乾いたエゴノキの硬い種子が落ちている。飼っていたヤマガラのために拾い集めたもので，今は遠くなってしまった日々を

思い起こさせてくれる。手のひらの中で広がっていく土とも葉ともつかぬこの"もの"の中に，これまたエゴノキの葉の展開にスケジュールを合わせて飛び立つタマバエの越冬幼虫がいるはずなのだが………。

［注1］実際には有翅虫がエゴノキ樹幹上で無翅の雄と雌を産む。交尾後に雌は1卵を産み落として死ぬ。［→19頁］
［注2］黒須（1990）の論文が参考となろう。［→19頁］

第1章

虫こぶの文化誌

　虫こぶは，その実体がわからないままに，数千年前から人類に知られ，得られた経験の蓄積が伝承されて医薬品，染料や皮なめしのためなどに利用されてきた。

　その昔，人類が虫こぶを利用しようとしたきっかけは，虫こぶをなめたり嚙(か)んだりしたときの苦味や渋味に対する興味であったに相違ない。

　植物体に含まれる苦味・渋味のもとの多くは，渋柿，栗の渋皮の渋味のもとになるタンニンである。虫こぶには一般にタンニンが多く含まれている。広くそして大量に利用されている虫こぶ（没食子(もっしょくし)や五倍子(ごばいし)など）ほど，含まれているタンニンが多い。虫こぶの利用は，すなわちそれに含まれているタンニンの利用といっても過言ではない。

　東大寺正倉院に保存されている奈良時代の薬物中には，中近東から唐へ，そして海を渡って奈良に運ばれた虫こぶ（没食子(もっしょくし)）があるという。多くの労力，金，年月を費やし，たび重なる危険を排して運ばれたのは，どんな虫こぶだったのだろうか（43頁参照）。

　一方，虫こぶは，洋の東西を問わず奇妙な形や突然の出現などから占いの手段にされたが（38頁参照），その実体は長い間不明のままであった。

やがて虫こぶを自然科学的に解明する努力が積み重ねられ，ようやくその実体が明らかにされた。その間，どのような論議がなされ，解明されていったかを歴史的にたどってみると，虫こぶは昔から人間の興味をひく存在であり，同時に人間生活と深くかかわり合っていたことがよくわかる。

「昔は昔，今は今」というかもしれない。山に行かないでも，近くの小公園や道路わきのトベラやアキニレにも虫こぶは見られる。デパートの食料品売り場（33頁参照）や草木染の材料売場をのぞいてみてはいかが（49頁参照）。そこにも虫こぶや広義の虫こぶ（33頁参照）が見られることがあるだろう。

1. 虫こぶの歴史

虫こぶをめぐる関心と混乱

虫こぶは，数千年前から中国，インド，ヨーロッパなどで知られており，医薬品，染料，人間や動物の食物などとして利用されてきた。しかし，自然科学的に扱われるようになったのは17世紀になってからと思われる。

虫こぶには，奇妙な形や目立つ色のものがあり，その出現は天変地異と関係づけられたり，植物の病気による変形とか，無性芽であると考えられたりした。そして，虫こぶの中に虫を発見しても，自然に"わいた"ものと考えられることが多かった。虫こぶが，虫などの他の生物が入り込むことによって生ずるという，正しい解釈にはなかなか到達できなかったのである。

生物が，無生物から神や人間の意志や祈りとは無関係に"自然に生ずる"という自然発生説は，古代から一般に認められていた。しかし，17世紀になるとこのような自然発生説に対する批判が，しだいに生じてきた。

第1章　虫こぶの文化誌

　イタリアの医師でナチュラリストのレディ（F. Redi）は1668年に『昆虫発生についての研究』を著わし，腐肉から生ずる蛆（ハエの幼虫）は，腐肉から自然発生によって生じたのではなく，親のハエが産んだ卵から生じたことを実験的に証明した。しかし，そのレディも人体内の寄生虫や虫こぶの中の蛆の存在を，彼の理論で統一的に説明できなかった。

　ついで，イタリアの解剖学者で，腎臓のマルピーギ小体（腎小体）や昆虫のマルピーギ管にその名を残しているマルピーギ（M. Marpighi）は虫こぶ内にタマバチ幼虫の存在を観察し，詳しい図を残している（1679年）。その図はきわめて正確で，その虫こぶをつくるタマバチの種名を確定できるほどである（図13）。また彼はタマバチの長い産卵管をも観察しているというのに，自然発生の否定にまでは進まなかった。つまり，虫こぶの中の幼虫は虫の産んだ卵からのものという考え方には至らなかったのである。当時の，そしてアリストテレスの考えでもあった自然発生説が，いかに堅固なものであったかを，うかがい知ることができる。

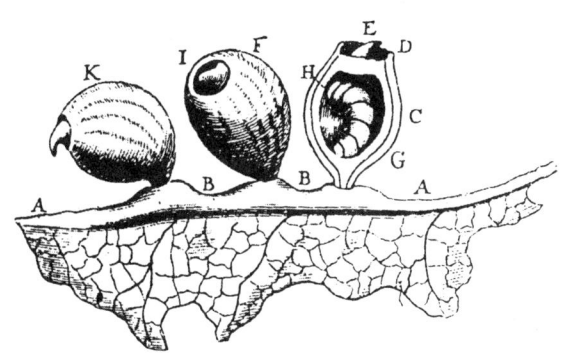

図13　マルピーギ（Anatome plantarum, pars altera, 1679）の虫こぶの図。この虫こぶはタマバチ類の *Andricus gallae-urnaeformis* によるものと推察されている（Mani, 1992；図も同書より）。

虫こぶの中の蛆が, 虫こぶの中で自然に生じたのではなく, 特定の虫の産んだ卵からかえったものであることを, 最初に明らかにしたのは同じイタリアのヴァリスニエリ (A. Vallisnieri) とされ, それはレディの死の3年後 (1700年) であるという (八杉, 1985；テイラー, 1976)。

虫こぶの本体について正しい理解が得られなかったのは, 日本でも同様であった。ネマガリダケなどの枝に生ずる"笹魚(ささきうお)"が川に落ちてイワナ (岩魚) になると信じられていたり, 木に餅がなったと大騒ぎしたとの記録が残っている (26頁参照)。

1965年の雑誌『遺伝』には,「ツバキになったモモ」という報文が載っている。恐らく餅(もち)病菌 (*Exobasidium*) の寄生によって"モモの果実"的になったものであろう。菌類による"虫こぶ"(菌えい) では菌糸の存在が認めがたい場合があり, 上記のような混乱を引き起こすことがある。また逆に, アワダチソウ類の葉に寄生するタマバエによる虫こぶ [注1] が, 盤菌類のリティスマ属 *Rhytisma* のものによる病変と誤られた例もある (Mani, 1992)。

虫こぶ形成者が未成熟だったり, 未成熟の段階で死んだ場合も混乱をきたすことが多い。雑誌『遺伝』(1962, 1971) にシラヤマギクの葉にできた無性芽, アカソの葉にできた無性芽として写真が載っていた。いずれもシラヤマギクの, タマバエによる虫こぶ (シラヤマギクカワリメフシ) と考えられる。『牧野図鑑』では, これは無性芽ではなく虫こぶであると記してある (68頁参照)。

日本の古い記録に見る虫こぶ

日本でもヨーロッパと同様に, 虫こぶは興味の対象―吉兆・瑞兆・天変地異など―とはなっても, なかなかその実体に迫ることができなかった。

笹魚　八代将軍吉宗のころ, 長谷川忠崇の「飛州志(ひしゅうし)」(1745？) に笹 (チシマザサなど) の枝に魚状のものができ, 笹魚(ささきうお)と呼ばれ

第1章 虫こぶの文化誌

図14 『竹実記』に載る笹魚の図（日本学士院，1960より）と実物（若いもの）。

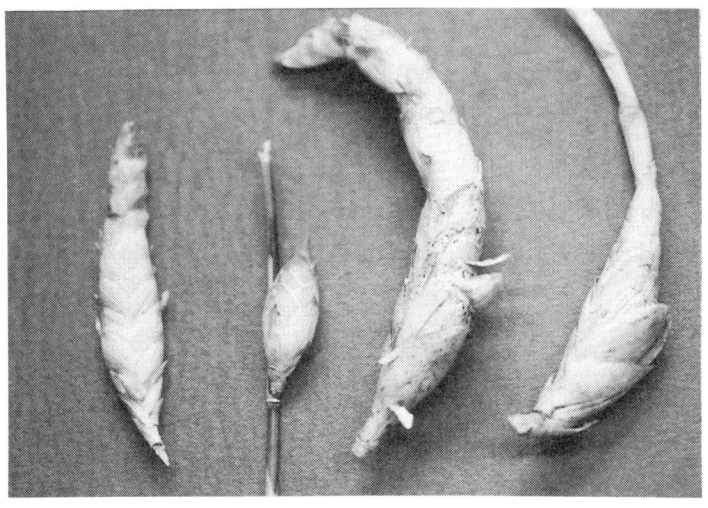

図15 笹魚の実物。若いもの（左から2番目）と古くなったものとの比較。

るとの記述がある。しかし，骨も肉もなく焼いても魚の臭いもないので，これは竹の病ではないか，と述べている（白井，1925）。このことは当時としてはなかなか見事な解釈と思われる。

また天保3年（1832）に出た『竹実記』(白雲山人著）には，菱川清春の笹魚の図が載っている（日本学士院，1960）（図14）。

少し下って木村孔恭の『蒹葭堂雑録』(1856稿成，1859刊）の巻二には，この笹魚が飛騨平湯に産し，谷水に落ちやがてイワナになる，とあり，竹の根からセミが生じ，山芋がウナギになるといわれているので，「空言トアナガチニイヒクタスベキカハ」と結んでいる（白井，1925）。

長谷川の観察や考えが，当時支配的だった自然発生や輪廻観にとらわれ，話を面白くするために毒されていくのは残念である。

白井光太郎（植物病理学者，樹木学者，本草学者）は1925年刊の『植物妖異考』で，自身が採集した笹魚を観察して虫こぶであることを確かめ，「蜂」が羽化したとしている。図も不鮮明で翅や触角の様子がよくわからないが，本来の虫こぶ形成者であるタマバエに寄生するコバチ類を観察した可能性もある［注2］。

さらに白井は，笹には笹魚の他に別種の虫こぶがあると述べている。こちらはいわゆる"魚尾竹"で，伊藤圭介の『魚尾竹図説』（手稿本）では両者が混同されているという。この魚尾竹は「竹の竿頭に生ず」とあるから，別のタマバエによってつくられる虫こぶ（ヒメササウオフシ）のことと推定される。

真の笹魚から，虫こぶ形成者であるタマバエを得た門前弘多は，笹魚（ササウオフシ）の形成者を新属新種として *Hasegawaia sasacola* と命名し，新属名を『飛州志』の長谷川忠崇に捧げた（Monzen, 1937）。

ナラゴウ　奇才平賀鳩渓（源内，1728-79）は『飛花落葉』中の「木に餅のなる弁」で，ナラの木につくナラゴウと，こぶのようなものがあり「吉に非ず凶に非ず餅に非ず実に非ず，また今年の

みあるには非ず」とし，木の病であるとしている。

その後『鐘奇遺筆』(岩永蘦斎)には，コナラの木に実のごときものが生じ，その中から蜂のような虫が飛び去る，との記述がある（白井，1925；門前，1931）。

虫こぶが木の病であり，中から虫が出てくることがわかっても，観察だけで因果関係を知ることはむずかしい。

ところでナラゴウの"ゴウ"が何を意味するかわからないが，コナラにつく餅やこぶや木の実のようなものの中に，コナラメリンゴフシやコナラメイガフシが含まれていることは確かであろう。餅のような感じのするのはコナラメリンゴフシの方で，味わってみると軟らかく，うすい酸味とかすかな渋味が残る。餅病にかかってふくれたツツジの葉を食べたときのような味である。こちらの方はナラダンゴとかナラリンゴ(長野)，ヤマダンゴ(会津)とも呼ばれている。ピンポン玉ほどに育った，このコナラメリンゴフシからは，初夏に多数のタマバチが飛び出していく（59頁参照）。

白井(1925)，門前(1931)ともに，ナラゴウが現在のコナラメイガフシにあたるとしているが，その理由については触れていない。こちらの虫こぶもタマバチによるもので，栗のいが状の突起を持ち，コナラメリンゴフシよりも時期が遅くなって目立ってくる(96頁参照)。若い時でも"餅"のようには見えない。神谷(1959)はナラダンゴを両者にあてて混乱させているが，ナラダンゴ＝コナラメリンゴフシ，ナラゴウ＝コナラメイガフシとするのが無難であると思われる。

五倍子　往時の絵つきの百科事典ともいうべき『和漢三才図会』(寺島良安著，1713年刊)に，五倍子(ふし)の項があり，塩麩子(＝ヌルデ)の木に五倍子(付子)を生じ，塩を省略してふし(付子)とした，との記述がある。五倍子生成については，"小虫が蟻のように樹液を吸い，老いては葉の間に小球を結ぶ。イラガ

の幼虫が，まゆを作るようだ"と述べている。薬用，お歯黒，染料に用いるなど，利用法についての知識は進んでいるが，虫と虫こぶとの関係についての理解は不充分であったと思われる。このあたりの状況は，100年後でも同様で，小野蘭山の『本草綱目啓蒙』(1803-6年刊)でもヌルデに生ずるこぶの中に小虫がいるというような記述にとどまっている(門前，1927)。

イスノキの虫こぶ　『和漢三才図会』に瓢樹(ひょんのき)の項があり，2種の虫こぶが図示されている。葉につく小型の大豆ぐらいのものはイスノハタマフシ，枝につくイチジク状のものはイスノナガタマフシ(=イスノイチジクフシ)と考えられ，いずれもアブラムシ類による虫こぶである(64頁参照)。その中に小虫がいることや脱出孔があるとの記述がある。脱出後の虫こぶを"胡椒"入れにしたり，ひょうたんの"代り"にするため，瓢の木(ひょんのき)という，としている。子どもが笛にして遊んだり，祭に用いる，という。

マタタビの虫こぶ　『和漢三才図会』にマタタビ(木天蓼，小天蓼，藤天蓼)に関する項があり，マタタビとの矛盾の最も少ないのは藤天蓼の方である。しかし，その中に果実に雌雄の別があり，雄の実はナツメの実のようで，雌の実は五倍子のようであるとの記述がある。図から見て，この雌の実とされているのが，マタタビミタマバエによってつくられるマタタビミフクレフシと思われる。

マタタビには雄花，雌花(両性花)がつく。そして，正常果と虫こぶ"果"との2種の「果実」が生ずることが不思議に思われ，雄果，雌果という奇妙な説明になったのだろう。さらに，この2種の「果実」の存在が，マタタビの語源になったという説がある。

マタタビの語源には，①果実を食べて元気になり"また旅"をすることに由来する，②アイヌ語のマタタムブ(マタ=冬，タムブ=亀の甲)に由来する(『牧野新日本植物図鑑』による)，③果

実に2種類あるので"マタツ実"に由来する、などがある。

②の説では、亀甲状のひび割れがあるとすれば虫こぶの方であり、これも秋には落ちてしまうだろうから"冬"と関連づけるのも無理があるような気もする。あるいはアイヌの人々の冬の生活と、非常に深い関係があったのかもしれない。ちなみにタマバエの方は9月から10月には脱出してしまう。

③の説は、貝原益軒(かいばらえきけん)の『大和本草(やまとほんぞう)』での説で、"マタツ実"の"ツ"は休め字であるという。

これらの説の是非はともかくとして、②や③の説は、ともに虫こぶに関連している。しかもその"変形"したものを、原因を追究することなしで、マタタビの名の由来を論じているのは面白い。

2. 虫こぶの利用

虫こぶが利用されてきたわけ

没食子(もっしょくし)や五倍子(ごばいし)など、虫こぶにはタンニンが多く含まれている(45頁参照)。

タンニン(英語 Tannin、ドイツ語 Gerbstoff)は、その語源から推定されるように、獣皮を"革(かわ)"の状態に変える、つまり皮を"なめす"働きをする、植物性の物質として18世紀の中ごろから用いられるようになった物質である。

化学的には、ポリフェノールに属する一群の化合物で、純粋なものが得がたい。一般に、渋味や苦味があり、タンパク質、アルカロイド、重クローム酸カリなどと結合して沈殿を生じ、$FeCl_3$など第二鉄塩と反応して青緑-黒褐色を呈する。

タンニンを分解すると、カテコール、ピロガロールや没食子酸(gallic acid)、エラーグ酸などを生ずる。このうちの酸性物質をまとめてタンニン酸とする場合が多い。

タンニンは，樹皮，果実，幹，葉，虫こぶなどに含まれ，それぞれ性質を異にすることが多いので，しばしば原料植物名を付して，たとえばマングローブバーク・タンニン，ワトルバーク・タンニンなどのように区別される。

植物界に広く分布するタンニンの生理的な意義はよくわかっていない。食害を避けるための防禦物質（33頁参照）であるとか，障害部に多く見られることから，沈殿をつくることによる解毒物質との説もある。一方，カイコの1齢-3齢幼虫では，没食子酸のようなポリフェノール類が，摂食を促す物質として働いているというから，なかなか複雑である。

どのように利用されてきたのか

薬にする 虫こぶを薬として用いることはヒポクラテス（紀元前460-375?）やプリニウス（23-72）の時代に始まる。そこに記してある効能には，現代の知識からはどうかと思われるものも多い。しかし，一般の虫こぶにはタンニンが多く含まれるので，タンニンによる効果と考えると理解できるものもある。

タンニンには粘膜や組織を収斂させ，タンパク質を凝固させる作用がある。このことは，傷口や潰瘍の出血を止め，分泌物を減らす効果に関係する。また，下痢止めや消炎剤としての効果も考えられ，タンパク質系の有害物質に対しては解毒剤として働くであろう。

かつて本州一円におおむね存在したお歯黒の習俗も，虫歯を減らす効果があったとの説もある（41頁参照）。

人のみならず，家畜の薬に用いた例もある。イギリスなどの野生バラにタマバチ（*Diplolepis rosae*）がつくる虫こぶ（Robin's pincushion, moss gall）は Bedeguar tea という茶剤の原材料となり，家畜の下痢止めに効果があるという（Darlington, 1975）。

マタタビにマタタビミタマバエ［*Pseudasphondylia matatabi*］

が寄生するとマタタビミフクレフシが生ずる。この虫こぶを採取し,熱湯で処理乾燥したものがいわゆる「木天蓼(もくてんりょう)」という漢方薬である(28頁参照)。身体をあたため,強心,利尿の効果があるという。虫こぶ果と正常果実とで,成分の差はあまりないと思われるが,虫こぶ果の方が効くとの記述もある。このマタタビの果実,虫こぶ果,葉などに含まれる物質に対して,ネコ属やヨツボシクサカゲロウ(雄成虫)が集まる行動は興味深い。

インクをつくる 中世以来,ヨーロッパのインクの多くはブルーブラック系のもので,書いた当初はインクブルー,その他の色素のため青いが,後に没食子(もっしょくし)などのタンニンと硫酸第一鉄,酸素などの反応で黒い(青-緑黒色)沈殿(タンニン酸第二鉄)を生ずる。この沈殿は紙の繊維内にも生じ,安定しているので,紙の表面を処理しても残りやすい。また紫外線をあてるとさらによく"見える"ので,訂正の過程をも知りやすい。これがブルーブラックインクが広く用いられるようになった理由である。問題は,インクびんの中での酸化や,沈殿をどう防ぐかである。いわゆるタンニンには多くの物質が混じっているので[注3],どの原材料から得られたかによって,インクの性質に差が生じてくる。古くからインク用タンニンの材料としては,没食子(もっしょくし)の方がすぐれているとされてきた。

表2 ブルーブラックインクの処方例(組成表)

材料	容量比	目的
硫酸第1鉄	15	酸素が加わるとタンニン酸第2鉄ができる
タンニン酸	15	
濃硫酸	3	書く前に沈殿を生じないよう酸性にする
インクブルー(色素)	3	書いた直後に見えるようにする
アラビアゴム	5	ペンの滑りをよくし,コロイド状に保つ
グリセリン	3	乾燥性の調節
サリチル酸 (または石炭酸)	1	防腐剤
水	1 000	

そのため，消えにくいインクをつくるのに，没食子を使用することが，アメリカ大蔵省，英国銀行，ドイツ連邦議会，デンマーク政府などで法制化されたことがあるという（クラウゼン，1972）。

インク製造のための，最もすぐれものの虫こぶということで，没食子をつくるタマバチは"インクタマバチ"と呼ばれている（44頁参照）。

別表にブルーブラックインクの処方の一例を紹介する（表2）。

なめす 獣皮の主成分は，コラーゲンなどのタンパク質であるので，タンニンで処理するとタンパク質が変性凝固する。そのため獣皮は，乾燥しても硬化したりひび割れすることなく，熱湯処理によって膠(にかわ)状にならず，腐敗しなくなる。つまり，タンニンによって獣皮はなめされ，革になったのである。虫こぶには良質のタンニンが多量に含まれているが，量と値段の関係もあってか，虫こぶないし，虫こぶ由来のタンニンによるなめし作業は，近年ではほとんどおこなわれていないらしい。

染める 糸，布，革などの染色の材料として用いられる虫こぶとして著名なものは五倍子や没食子であろう。没食子は中近東産のタマバチ，五倍子は中国や日本産のアブラムシによる虫こぶである。染色に直接関係するのは，これらの虫こぶに多量に含まれているタンニンである。タンニンは，鉄分などとの反応によって布などを黒色系の色調に染めることができる。

古来，羊毛，羊毛製品や髪を黒色その他に染めるのに没食子（Alleppo gall）が用いられ，モロッコ革の染色にも没食子が使われた。

実際の染色にあたっては，没食子や五倍子そのものを用いるばかりでなく，媒染剤と併用し，あるいは他の素材と混ぜて複雑な色調を得ている。

たとえば，絹糸を藤鼠(ふじねずみ)（藤色がかった鼠色）に染めるには，五倍子を木酢酸鉄(もくさくさんてつ)で媒染するという（山崎，1982）。また，『和漢三才

図会』にも,五倍子とザクロの皮とで,布などを"黒茶色"に染める,という記述がある。

近年,草木染めが多くの人々に愛好され,染色のための素材を扱う店も少なくない。その素材の中には五倍子を散見することがある(49頁参照)。

食べる 虫こぶは,その内部に虫こぶを形成する昆虫などの食物となる部分(栄養層)を含むので,それなりの栄養価を持つ。しかし,タンニンなどの苦味,渋味を有する物質を多く含むので,人間の食用としては一般に利用されにくい。タンニンは味を悪くするとともに,タンパク質を分解酵素が働きにくいように守り,あるいは分解酵素の活性を直接低下させて,タンパク質の利用度を低くする。フユシャク類(蛾)の幼虫に対するタンニンの成育阻害の実験結果の一例(カゼインやタンニンを加えた人工飼料でフユシャクを飼育して得られた数値)をあげておく(表3)。

表3 タンニンによる成育阻害(平野,1971より)

	カゼイン 飼料区(対照区)	カゼイン-タンニン 複合体飼料区
調査頭数	67	64
幼虫体重の増加量(*)	25.2±1.5 mg	11.7±1.0 mg

(*)摂食開始時の体重と最大体重の差

タンニンなどの苦味物質を含むことが少ないためか,食用目的として栽培されているものにマコモタケがある。

マコモタケ(菰角、茭白筍、茭白)は黒穂菌の1種 *Ustilago esculenta* がマコモの茎に寄生して,筍状に肥大して直径2 cm,長さ15-20cmになったもの(菌えい)である。皮をむいたネマガリダケの筍という感じで,東京のデパートの食品売場にも時に顔を出す(図16)。中国や台湾では栽培されており,8月初旬,田植直後のイネに並んでマコモ田があり,草丈1m以上にも伸びてい

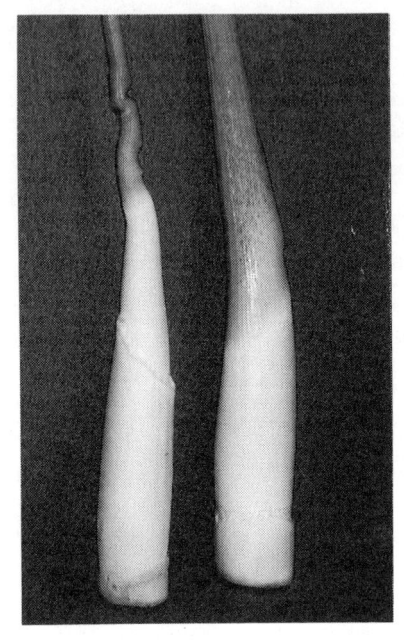

図16 マコモタケ。

た（台湾，台中(タイチョン)付近）。茎の内部に黒色の胞子が形成される前に収穫される。筍(たけのこ)とアスパラガスの中間のような歯ざわりで，スープに浮かせたり，肉の細切りとともにいためて食べる。近年，鹿児島，静岡，茨城などで試作されている。

　実際にはどの程度利用されているかわからないが，タマバエ類による虫こぶが食用とされる記録がある。進士(しんじ)（1944）によると，ススキの根際の芽に，ススキタマバエ [*Orseolia miscanthi*] が寄生して肥大したススキノタマバエフシは茅茗荷(かやみょうが)と呼ばれ「漿質にして美味である」という。この虫こぶはタマバエによる虫こぶとしては最大級のもの（直径 2.5 cm，長さ 5–8 cm，紡錘形）と考えられ，内部に多数の幼虫が見られる。

　近年はあまり見かけなくなったが，昔はトウモロコシの食べご

ろに，握ったこぶしほどにもなる奇妙な白銀色のこぶが緑色の皮をおしのけて現われるのをよく見かけた。これをトウモロコシの"お化け"と呼び，表面の白い膜が破れると中から黒い粉のような胞子が大量に出てくるのを不思議に思ったものであった。ところが，この奇怪な"お化け"を，メキシコでは"ウィートコーチェ"と呼び，アリタソウをハーブとして加えて料理するという。煮るほどにキノコ特有の香りと味が出るという（吉田，1988）が，色はさながら黒造りのイカの塩辛というところだろう。このトウモロコシの"お化け"は，トウモロコシの若い果実に，黒穂菌の1種 *Ustilago zeae* が寄生して，組織を肥大させたもの（菌えい）である。黒穂菌の1種がコウリャンの穂に寄生して，肥大したものを中国では烏米（ウーミー）と呼んで食べ，子どもが売り歩くという（桂，1982）。人間は雑食性というが，その"好奇心"には驚かされる。

オーストラリアの先住民アボリジニーは，自然をよく知り，自然をうまく利用して生活している。三橋（1984）によるとアカシア類にできる Mulga Apple と呼ばれるクルミの果実大の虫こぶやブラッドウッド（ユーカリ類）に見られる虫こぶが食用にされるという。前者はほとんど味がないが，後者の組織は軟らかくて美味であるという。これらの虫こぶ形成者はよくわからないが，他に直径5 cmにも及ぶカイガラムシによる虫こぶがあり，こちらは虫こぶそのものではなく，カイガラムシを食べる。甘い味がするという。

甘いといえば，メキシコには砂糖より甘い虫こぶがあり，果物店で売られているという（三橋，1984）。砂糖より甘いかどうかはわからないが，日本でもミズナラに生ずるタマバチの虫こぶ（ミズナラエダムレタマフシ）が蜜を分泌し，これにトビイロケアリが集まり，このアリがタマバチの寄生蜂を追い払うことが観察されている（Abe，1988）。

オーストラリアのアリス・スプリングズで，塩の析出した川べ

第1章 虫こぶの文化誌

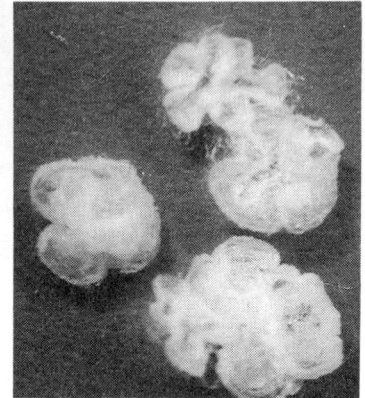

図18 キジラミ類（*Glycaspis* の1種か？）の甘い lerp。

図17 ユーカリの葉とキジラミ類の lerp。

りの近くで，ユーカリの葉につくキジラミを調べたことがある（図17）。白い分泌物で傘状のおおい（lerp）をつくり，その中で吸汁する仲間で虫こぶはつくらない。ふと地面を見るとアリの巣孔があり，そのまわりに白い分泌物（lerp）が多数散乱しているのに気づき持ち帰った（図18）。後でなめてみたら甘いのである。キジラミの排出物中の糖分がしみこんでいるのにちがいない。これをアリが利用していたのであろう。調べてみるとアボリジニーはさすがにグルメである。このようなキジラミ（*Spondyliaspis eucalypti*）の lerp（Sugar lerp）を集めて水を加え，ドリンク剤として飲むという（Goode, 1980）。結果として，キジラミの，アリへのプレゼ

ントを横取りしていることになる。

　アカマツやクロマツの幹や枝に大きなこぶができ，だるまや肩たたきに細工されて観光地の土産物になることもある。マツノコブ病菌（*Cronartium quercuum*）によって肥大した菌えいである。この銹菌（きびきん）はマツ類とナラ類との間で，複雑な生活を繰り広げることで有名である。子どものころ，冬にアカマツの木に登り，このこぶ（菌えい）の割れ目からしみ出てくる粘り気のある"松蜜"を小枝の先にからめ取って味わった経験がある。この"松蜜"の中に，マツノコブ病菌の柄胞子（へいほうし）と呼ばれる胞子のようなものが含まれていると知ったのはずっと後のことだった。

　平塚（1955）によると，この"松蜜"の中には23％の還元糖（うち，ぶどう糖77％，果糖23％）が含まれているという。

　中近東ではSageにつくタマバチの虫こぶに蜂蜜や砂糖を加えて飲むという（Klots & Klots, 1961）。薬用なのか，それともお茶代わりなのであろうか。Sageがアキギリ属*Salvia*の植物であるということなら*Aylax salviae*というタマバチがつくが，詳細は不明である。

　人間が食べたり飲んだりするぐらいなら，当然他の動物も虫こぶを食物として利用することだろう。

　北アメリカではタマバチ類が大発展しているのだが，カリリティス属*Callirhytis*のタマバチがつくる小麦粒状の虫こぶが家畜の餌になる。かなり有用で，炭水化物63.6％，タンパク質9.34％を含むという（井上，1960）。また，*Dryocosmus deciduus*がつくる虫こぶが人間と家畜の食用になるという。

　人間にせよ家畜にせよ，虫こぶを食べるといっても，虫こぶ全体なのかその中の昆虫などを食べるのかが明らかでないものが多い。とくに古い記録ではなおさらのことである。

　自然状態で，虫こぶを食べる脊椎動物の記録は案外少ない。ケヤキの葉に，ケヤキフシアブラムシによる袋状の虫こぶがたくさ

んできることがある。この虫こぶをスズメが破って中のアブラムシを食べる（Sunose, 1980）。地面に落下したエノキハトガリタマフシ（エノキトガリタマバエ [*Celticecis japonica*] による）をやはりスズメが虫こぶを破って食べるのを観察したことがある。これらの虫こぶの壁は薄いので破りやすい。しかし，タマバチの虫こぶでは一般に壁が厚く硬くなるので，食べにくいことであろう。イギリスでは lesser spotted woodpecker [*Dendrocopos minor*] すなわちコアカゲラが，タマバチの虫こぶ（Marble gall）の厚い壁（約1 cm）を破って中の幼虫を食べるという（Darlington, 1975）。筆者は冬に，ミズナラの林で，ヤマガラが，タマバチによる虫こぶ（ミズナラメウロコタマフシ）をくちばしで割って食べているのを観察したことがある。また，長野県の黒姫山の麓で，チマキザサのヒメササウオフシが，鳥かネズミ類に食べられた"痕"を見た。この虫こぶには多数のタマバエ幼虫が入っているので，労力の割合からしてもよい餌資源となろう。冬になると，枝先の虫こぶはかなり目立つ。実際にはかなり多くの鳥が虫こぶの中の虫を食べていることだろう。

入れ墨，お歯黒，花材，除草など　虫こぶは，薬用，染料，そして一部は家畜や人間の食用として利用されてきた。それ以外の変わった用いられ方を二，三拾ってみよう。

虫こぶはその出現の突然さ，形の奇怪さなどから超自然的生成物と考えられ，占いや予言の手段とされたことがあったという。

アメリカで，"樫のリンゴ"と呼ばれる虫こぶが秋に切り開かれ，中からハエが現われれば欠乏（飢饉），蛆（幼虫）が現われれば豊饒，クモが現われれば死と占われたという（クラウゼン，1972）。

同書での注によれば，この"樫のリンゴ"は，タマバチ科の *Amphibolips confluentus* による虫こぶであることが多いという（図19）。ここでの注が正しいとして"占い"の種明かしをしてみよう。

第1章　虫こぶの文化誌

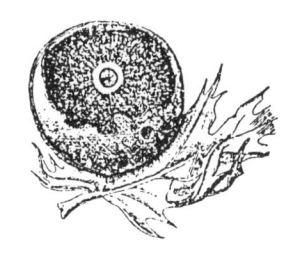

図19　"樫のリンゴ"の図（Dalla Torre und Kieffer, 1910 より）。直径 2.5-5.0 mm ほどの虫こぶである。

このタマバチの秋の虫こぶは単性世代のもので，成虫は秋から翌年の春に羽化するというから，秋に儀式をおこなえば，ほとんどがタマバチの幼虫，つまり蛆ということになり，豊年満作でめでたしめでたしということになるわけである。

ハエやクモが現われるとすれば，例外的に生育が早く進み，秋にタマバチが羽化した後，空洞になった部分に，外から入り込んだものにちがいない。条件により，生育に差のあるのは，虫こぶをつくるタマバチ類によく見られることである。

つまりこの国でも"大吉"が多くなるようになっているらしく，ほほえましい。

次は染料，色素としての利用とも考えられるものである。

ソマリアの女性の入れ墨に，ある種の虫こぶが利用されるという（クラウゼン，1972）。"色"をつける目的なのか，あるいは組織を収斂させ，止血を防ぐ目的なのかは明らかではない。

マコモタケ（33頁参照）の生育が進むと，内部に黒褐色の胞子が充満してくる。これを乾燥したものがマコモ墨である。かつてはこれをもとにして絵具にしたり，眉墨など役者の化粧に用いたという。また，鎌倉彫や能面などに色つけするのにも，マコモ墨を利用するという（図20）。虫こぶ（菌えい）そのものというよりは，形成者である黒穂菌類の胞子を利用したものである。人間は思いもよらぬものに目をつけるものと感心する。

入れ墨や化粧に利用することの延長上にあるとすれば，お歯黒

（歯黒め，鉄漿(かね)）であろう。

　平家の公達，敦盛(あつもり)が戦陣にあっても薄化粧をし，歯を黒く染めていたというから，古くは，女性専用の習俗ではなかったらしい。江戸時代になると，お歯黒は既婚婦人のシンボルになったが，公卿は明治初年まで"眉引，歯黒め"だったという。皇大后や皇后が，"御黛(まゆずみ)，御鉄漿(かね)を廃されるようになった"と宮内庁から発表されたのは明治6年であるという（大島，他，1979）。

　子どものころ，隣家に住んでいた文久3年生まれとかいう老婆がお歯黒をしていたのを好奇の目で眺めたことを思い出す。

　また，筆者の生家の自家用の茶もみ作業所の片隅に，腐蝕した小さな容器が残されており，聞いたところ，お歯黒用のものとのことであった。民間ではなおしばらくの間，年配の女性によって，

図20　マコモ墨（鎌倉彫の色つけに使う）。［片瀬隆司氏提供写真］

この習慣が続けられたのであろう。

お歯黒のつくり方にも地方色があるようだが、一般には鉄分を含むお歯黒水をつくり、これを五倍子などタンニンを含む粉（ふし粉）と合わせて歯につける。鉄分とタンニンとで真黒なお歯黒（主成分はタンニン酸第二鉄）になるわけで、いわばブルーブラックインクとほぼ同じようなものである。

お歯黒水は、まず茶、酢、おかゆ（さらに糀（こうじ）や酒、水飴などを加える処方もある）を含む水に、焼いた鉄屑を入れ冷暗所に保ってつくる。2-3か月で発酵し、茶褐色になり使用できるようになる。このお歯黒水には、酢酸第一鉄など数種の鉄化合物が含まれている。お歯黒水を煮たりして、ふし粉を混ぜ、鳥毛の筆などで歯につける。ふし粉の中のタンニン酸と酸素の働きで、タンニン酸第二鉄ができ、これがお歯黒の主体となる。おかゆ、水飴などはアルコール発酵や酢酸発酵で酢酸になるものと思われる。

ふし粉としては、五倍子のほか、それぞれの土地に産するヤシャブシやキブシの実、カラコギカエデ［注4］の葉の煮汁などタンニンを多く含むものが経験的に用いられた。

"お歯黒女性に歯医者はいらぬ"という言い伝えがあるという。お歯黒に虫歯予防効果があるのだろうか。お歯黒水の成分である第一鉄イオンに歯の燐酸カルシウムを強化する働きがあり、タンニンと結合して生じたタンニン酸第二鉄が歯を保護し、また、タンニンが歯ぐきを引き締め、細菌の侵入から守る。歯の表面にストレプトコッカス菌（乳酸発酵菌、連鎖球菌）がコケ状に拡がるのを防ぐ物質が五倍子にも含まれているというから、何らかの効果があったのだろうと思われる。

いけばな、壁かけ、テーブルクロスなどに虫こぶを含むものが用いられることがある。偶然虫こぶが含まれていたという場合もあるだろうし、虫こぶの持つ"異様さ"が買われる場合もあろう。

クリタマバチがあまり有名になる前に、この蜂の虫こぶが、い

けばなの花材になっているのを見たことがあり，分布を拡げることになるのでは，と心配したことがあった。クリタマバチの虫こぶの場合は，明らかに異様な"美しさ"を狙ったに相違ない。

シダレヤナギの枝に金粉や銀粉をスプレーしたものも，よくいけばなに用いられている。時にシダレヤナギエダコブフシを大量に含むものがあって，買い求めたら，春にはちゃんとタマバエ（*Rabdophaga salicis*）やそれの寄生蜂が羽化してきた。これなどはいわば偶然に虫こぶがついていたというところだろう。

アメリカでも，mealy oak gall というタマバチ（*Disholcaspis cinerosa*）による虫こぶがいけばなにされたり，ミバエ類の虫こぶをアクセントとして編み込んだ（？）セイタカアワダチソウ類の

図21　虫こぶ（ミバエ類の *Eurosta solidaginis* によるもの）がついた枯れ茎を編み込んだ壁かけと，タマバチ類（mealy oak gall）の虫こぶ枝を用いたいけばな（Frankie & Koehler, 1978 より）。

壁かけ（図21）がつくられたりするという（Frankie & Koehler, 1978）。洋の東西を問わず似たようなことを考えるものである。

ヨーロッパのノイバラ類にピンク色の毛でおおわれたような，タマバチ（*Diplolepis rosae*）による虫こぶができる。この蜂がニュージーランドに，ノイバラ退治のために移入されている（Askew, 1984）。そこでは，ノイバラ（Sweet briar）が，牧草地にはびこってしまい，枝の刺(とげ)が干草に混入したりして，害を与えているのであろう。このノイバラ自体，イギリスから牧場の囲いにする目的などで持ち込まれたにちがいない。うまく退治できたかどうかは知らないが，ノイバラも人間の勝手さを恨んでいるに相違ないだろう。

3. 有名な虫こぶ

数千種類にも達する虫こぶのうち，薬用，染料用などとして，商業的に取り引きされる代表的なものは没食子(もっしょくし)（「ぼつしょくし」とも読み，無食子とも書く）と五倍子(ごばいし)であろう。

中国，日本からの五倍子は Chinese gall, Japanese gall, 中近東からの没食子は Aleppo gall, Mecca gall などと，それぞれの産地あるいは集散地名をつけて取り引きされた。

没食子

正倉院には鉱物や動植物に由来する薬物とそのリスト「種々薬帳」が残されている。これは，奈良時代の天平勝宝8年（756）に，光明皇大后から東大寺に献納されたものである。戦後（1948年）の調査によりその薬帳に記載されていたもののうち，39種類が残されていることが確認された（渡辺, 1982）。その中に"無食子(むしょくし)"があり，これは現在の没食子に相当する。

調査された朝比奈(あさひな)博士は，薬物中の没食子中から，この虫こぶ

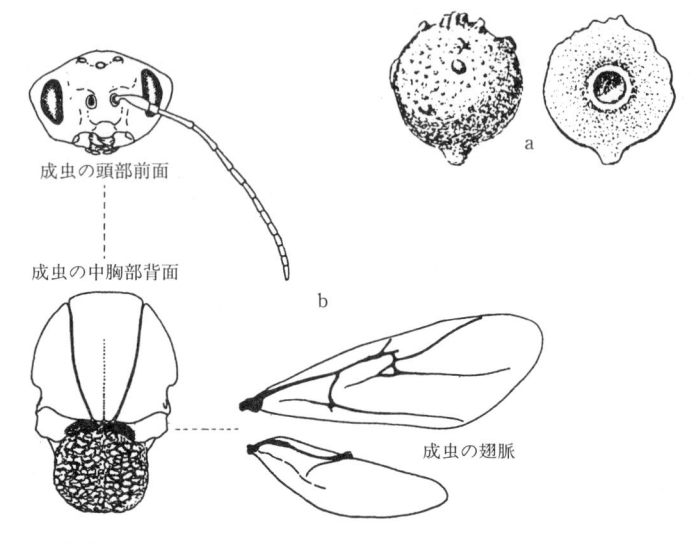

図22 a インクタマバチによる虫こぶ (Darra Torre und Kieffer, 1910 より)、b 正倉院の没食子から発見されたインクタマバチの図（朝比奈, 1955より）。写真は現在入手できるインクタマバチの虫こぶ。

を形成するタマバチ（インクタマバチ *Cynips gallae-tinctoriae*）を取り出し，同定することに成功した（朝比奈, 1955）（図22）。

没食子は中近東の，ナラ・カシ類（*Quercus infectoria* など）に，インクタマバチによってつくられる虫こぶを乾燥したもので，古

くより医薬品・染色用などとして利用されていた。そしてその一部は，シルクロードを東へ，唐から海を渡って奈良へ，そして現代へと伝えられた。

　シリアやトルコで採集された没食子が，唐そして奈良に落ちつくまで，何年かかり，何人の手を経て，どんな手段で運ばれてきたのかを思うと恐しさすら感ずる。病気に対して"祈る"しか手段のなかった（？）当時では，異国の"薬"は，実際の効能以上の力を持っていたにちがいない。

　ところで，トルコ産の没食子とされているものを，東京都内で数個入手したことがある。タンパク質を凝固，沈殿させて濁りをとるために用いるという。黄褐色で直径 2 cm，肉厚（7－8 mm）で硬く，重さも 4－5 g と重い。そこで正倉院の薬物調査の例にならって，没食子から脱出できずに死んでしまったタマバチがいないかと探してみた。しかし，脱出孔からつまみ出すことのできたものは，残念ながらカツオブシムシ類の幼虫，蛹(さなぎ)の脱皮殻であった（図22）。

　没食子は，その主な集散地（Aleppo）や，タマバチの寄主となるナラ・カシ類（Aleppo oak＝*Q. infectoria*）にちなんでアレッポ・ゴール（Aleppo gall）とも呼ばれる。タンニンの含有量が50％以上にも達し，医薬品，染色材料として広く利用され，とくにインクの材料に適している（31頁参照）。

　黒，赤，白，緑と4種あって，タマバチがまだ脱出しない時に採集し乾燥した黒が最もタンニン含有量が大で，エラーグ酸も少なく，インク製造用に最適とされる。

五倍子

　五倍子は，ヌルデあるいはタイワンヌルデの葉に，ヌルデシロアブラムシ［*Schlechtendalia chinensis*］がついて生じた虫こぶの乾燥品であり，タンニンの含有量が高い（50％以上）ので，古く

から利用されてきた（27頁参照）。

五倍子は中国からは1844年ごろから，日本からは1862年ごろから諸外国に輸出されるようになった（眞保，1919）。日本からの輸出量は資源の枯渇や国内消費量の増加などで次第に減少してきた（表4）。

表4　五倍子の輸出量 （眞保，1919より）

年	重量（斤）	金額（円）
1191（明治44）	885,115	181,454
1912（明治45/大正1）	415,448	94,254
1913（大正2）	171,610	44,170
1914（大正3）	86,942	23,452
1915（大正4）	27,701[673,912]	7,574
1916（大正5）	12,604[702,994]	3,967

[　]内は国内消費量

その後，このアブラムシの生活史が解明され，二次寄主であるチョウチンゴケ類に接種するなどの増殖が企てられた。

近年での五倍子，没食子の生産，輸入の状況は表5のようである。

表5　五倍子，没食子の生産・輸入状況

年度	生産量	輸入量
1967年（昭和42）	7.7t	912t
1968年（昭和43）	10.3t	789t

（世界大百科事典，平凡社，1981による）

没食子は日本で生産されないので，生産量というのは五倍子のそれにあたると考えられる。この五倍子は，主に高級和服などの染色用に利用されているのであろう。輸入品には両者が含まれるが，その割合はよくわからない。

シナゴバイシはタイワンヌルデにつき，そのうち角倍と呼ばれるものは日本の"耳ふし"に似ており，肚倍（とばい）と呼ばれるものは紡

第1章　虫こぶの文化誌

図23　五倍子の種類と区別（眞保，1919による）

①袋状になる
　　●耳ふし……複葉の葉柄の翼葉につく。
①数回分枝し、柄状部の先に袋状部がある。
　　②小葉片の中央脈につく。
　　　　●花ふし……アントシアンで着色していることが多い。
　　②枝端または葉腋につき、袋状部は花ふしより広く、壁も厚い。
　　　　●木ふし……アントシアンでの着色は少ない。

錘形をしている。いずれも日本の五倍子（耳ふし）をつくるものと同種のヌルデシロアブラムシによって生じるとされている。

日本のヌルデには，"耳ふし"のほかに，市場に出ることの少ない"花ふし"，"枝ふし"が見られる。虫こぶの区別，形成アブラムシの種類については異説がある。

眞保（1919）による区別点は別掲のようである（図23）。

ヌルデシロアブラムシの有翅胎生雌虫は9-10月ごろ"耳ふし"の開孔部から脱出する。アブラムシが脱出する前の虫こぶを採取し，蒸気，火力で殺虫，乾燥したものは黒ぶし（黒附子）と呼ばれる。脱出前に採取し，天日で乾燥したものは白ぶしと呼ばれ，白ぶしの方がタンニン含有量が多い（60％以上）とされている。

同一の樹についた虫こぶを処理，比較した結果では，蒸気での処理が乾熱処理に勝り，熱湯処理において最もタンニン含有量が低くなるという。

ヌルデシロアブラムシの生活史は高木五六（1937）によって明らかにされたという。それによると，秋に"耳ふし"の開孔部から飛び出した有翅胎生雌虫は，コツボゴケ，オオバチョウチンゴケなどに飛来し幼虫を産む。この幼虫は白い分泌物を被って吸汁しながら越冬する。アブラムシの二次寄主としてコケ類が利用されることは珍しい。春に有翅の成虫（有翅産性雌虫）になり，コケを去りヌルデに飛来し，無翅の雌と雄を産む。交尾した雌（無翅

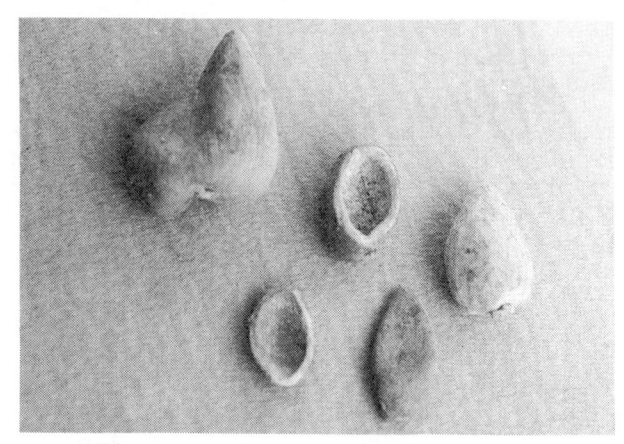

図24 "肚倍"型の五倍子（上）と"角倍"型の五倍子（下）で、いずれも市販のものである。

両性雌虫）は1頭の雌を産む（卵ではない）。この雌（幹母と呼ばれる）がヌルデの新梢たどりつき、翼葉に定着、吸汁し始める。やがて虫体は組織に包まれ、虫こぶがつくられていく。この虫こぶ内で単性生殖がおこなわれ、雌が雌を産み続け、秋には多数の有翅胎生雌虫を生じて分散する。

近年（1993年）東京都内で、草木染め用として市販されている、輸入品という五倍子（100g，300円）を調べてみた（図24）。いわゆる黒ぶしなのか白ぶしなのかは判然としない。黄褐-茶褐色で、アブラムシは未脱出で、有翅虫は全く見られなかったので、比較的"若い"時期に採取したものと思われる。虫こぶの内壁は滑らかで光沢があり、一見少し濁ったプラスチックのようでもある。虫こぶにどんな処理がなされているのか知らないが、自然に見られる、開孔した"耳ふし"よりはるかに硬く、壁も緻密である。とくに"肚倍（とばい）"型とも思われるものでは壁の厚さ1.7-2.0mmと厚く硬い（サイズと重さは平均33mm×24mmで5.5g）。"角倍"型とも思われるものはやや小型で、壁も0.5-1.0mmと薄い（平均35mm×22mmで2.4g）。また、細く分枝した付着部が混在していたので、日本の"木ふし"的なものも含まれているのではと思う。

4. イチジク果の中の虫こぶ

　エジプトの王家の墓の宝物に混じって、イチジク（Sycamore fig tree, *Ficus sycomorus*）の果実が乾燥した状態で発見されることがある。

　このイチジクは、その果実のみならず、その硬い材も家具、彫刻材、棺などとして利用され、古来聖なる木として扱われてきた。

　ガリルは、エジプト第20王朝（紀元前1186-1085）の墓から、乾いたイチジクの果実を発見した（Galil, 1967）。その一端には目立つ"小孔"があったというから、これはイチジク（果実）内の虫こぶ果からのイチジクコバチ（Fig wasp）が脱出した孔と思われる［注5］。また、他の数千年前の墓からのイチジクからは、乾いてミイラ状になったイチジクコバチを発見したという。

　王家の墓の中で、ミイラになって生時の生活の痕跡を残しているイチジク（果実）とイチジクコバチの関係はどうなっているの

だろうか。

　現在私たちが食べているイチジクは，*Ficus carica* という種類の果実で，食用部は主に肥大した花軸部分である。割ってみると内部にぶつぶつしたものがたくさんあるが，それぞれが花の変化したものである。つまりイチジクの"果実"というのは花軸が凹んで，その中にたくさんの花をつけたもの（隠頭花序という）が変化して多肉化したものなのである。花が無いのに果実ができるということで，イチジクは無花果［注6］とも書かれる。しかし，表（おもて）から見えないだけで，花はちゃんと咲くわけである。ただし，"果実"の中のぶつぶつしたもの（しいな状の"種子"＝本来の果実）を洗って蒔（ま）いても受粉・受精してないので芽は出ない。そのため挿し木で増やしている。

　Ficus carica で調べられたイチジクとイチジクコバチ（ブラストファガ属 *Blastophaga*）との関係は，およそ次のようになる。

　小アジアのスミルナ（Smyrna）地方に，美味なイチジク（スミルナ型）があって，干しいちじくとされることが多く，現在では北アメリカなどで栽培されている。このスミルナ型をカリフォルニアに移入したところ，最初はさっぱり結実しなかった。その理由が，イチジクコバチがいないためとわかり，小アジアからカプリ（Capri）型のイチジク［注7］とそれにつくイチジクコバチを導入したところ，うまく結実するようになった。以後，この技術はカプリフィケーション（Caprification）と呼ばれるようになった。イチジクの結実には，イチジクコバチによって花粉が運ばれることが必要だったのである。

　実は，中国でも昔からイチジクの実（み）の中からハチが飛び出してくるのが知られていた（上野，1982）。また，小アジアでも，スミルナ型の間にカプリ型を植えたり，スミルナ型の枝に，カプリ型の枝をかけておくことが習慣的におこなわれていたのであった。

　それでは蜜のない花を求めて，イチジクコバチは何のために未

熟な囊果（花の集まり）の中にもぐり込むのだろうか。また、そのイチジクコバチがどこからやって来たのかが問題になる。

　カプリ型のイチジクの囊果には、雄花、雌花（雌しべの花柱が長い）、虫こぶ花（花柱が短い雌花）ができる。虫こぶ花の子房を食べてイチジクコバチが育つ。先に羽化して虫こぶから脱出した無翅の、アリのような雄は、雌の入っている虫こぶに孔を開け、有翅の雌と交尾する。やがてこの雌も虫こぶの外に出る。強い大顎を持つ雄が、囊果の先端近くに、外界に開く孔道を掘る。雌はこの孔道から脱出する。雄花は囊果の入口近くにあるので、脱出時などに花粉が体につく。イチジクコバチの種類によっては、特別な花粉ポケットを持ち、ここに収納するものもある。

　花粉を体につけた雌は若い囊果を求めて飛ぶ。囊果の入口は鱗片が重なっているが、これをこじあけて中に入る。真暗な壺のような囊果内で、雌は雌花に産卵しようとするが、花柱が長いので産卵管が子房まで達せず、うまく産卵できない。ごそごそやっているうちに、花粉がうまく柱頭につき、受粉そして受精し、種子ができる。一方、花柱の短い虫こぶ花にとりついたイチジクコバチは子房にまで産卵管が届き、卵を産み込むことができる。この卵がかえって、虫こぶ花は少し変形して虫こぶになる。

　一つの囊果内で自家受粉できれば、イチジクコバチは必要がない。ところが、雌花と雄花とで受粉可能になる時期が違い、雌花の方が先に成熟してしまい、自家受粉ができない。このため、イチジク側から見れば、花粉を身につけて、他の若い囊果に入り込んで花粉を媒介するイチジクコバチが必要になった。一方、イチジクコバチは、雌花を虫こぶに変え、胚乳を栄養として子孫を育てる。こうして、イチジクは種子を残せるし、イチジクコバチも子孫を残し続けることができる。

　ところがスミルナ型の囊果には雌花しかつかない。このままでは果実ができないことになる。そのため、カプリ型の花粉を身に

図25 イチジクの栽培系統とコバチとの関係

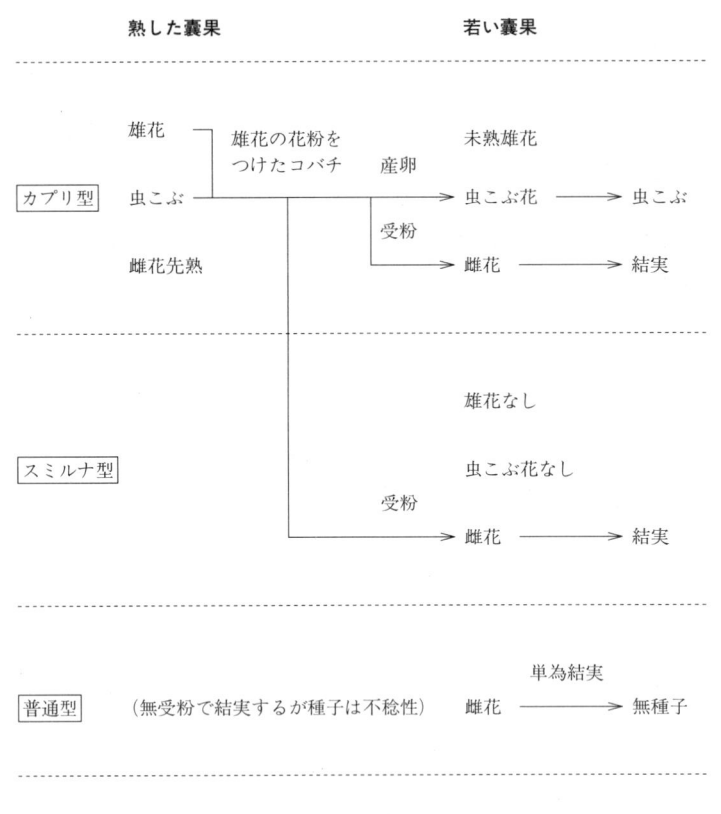

```
        熟した囊果                        若い囊果

        雄花 ─┐ 雄花の花粉を         未熟雄花
              │ つけたコバチ  産卵
カプリ型  虫こぶ ┤         ─────→ 虫こぶ花 ────→ 虫こぶ
              │           受粉
        雌花先熟                    ─→ 雌花 ────→ 結実


                                    雄花なし

スミルナ型                           虫こぶ花なし
                           受粉
                                    ─→ 雌花 ────→ 結実


                                                  単為結実
普通型  （無受粉で結実するが種子は不稔性）   雌花 ─────→ 無種子
```

つけたイチジクコバチが必要だったのである（図25）。

さて，私たちが生で食べているイチジクは普通型のものである。普通型はイチジクコバチの花粉媒介を必要としない。それは，受粉なしで囊果が肥大するようになった（単為結実という）突然変異を選んで栽培しているからである。

市販のイチジクの"果実"の内部を調べたところ，種子はしいな状で，内部には胚や胚乳らしいものは確認できず，また雄花ら

しいものも認められなかった。ところが，輸入品と思われる干しイチジクを水でもどして調べたところ，種子の中に2枚の子葉を持つ胚が認められた（図26, 27）。恐らくこの干しイチジクはスミルナ型で，イチジクコバチによる受粉がおこなわれていたと考えられる。

図26 イチジクの種子。左側はしいな状で胚がない。右側は干しイチジクから採取した種子で胚がある。

図27 干しイチジクから採取した微細な果実で，この中に胚を具えた種子がある。

多くの植物は蜜を分泌して虫を誘い，おのれの花粉を媒介してもらう。さらに，生殖に直接関係する花粉を代償としてさし出す

ものも多い。イチジク類では，花粉よりももっと出費の多そうな，果実（種子）をイヌビワコバチに提供して，花粉媒介を維持している。

このようなイチジク類（*Ficus*）と，イチジクコバチ類（*Blastophaga*）との強い共生関係は，亜熱帯-熱帯で広く見られ，しかも特定のイチジク類には特定のイチジクコバチ類が受粉に関係していることが知られている。

最近，日本産の *Ficus* 類と *Blastophaga* 類とで，葉緑体とミトコンドリアの DNA を用いて系統分析が試みられた。そして，それぞれの系統関係がほぼ一致したという（横山，1993）。このことは，一度生じた共生関係を維持しながら，ともどもに進化が起こったことを示している。

5. 飛び跳ねる虫こぶ

ある動物百科事典のタマバチの項を読んでいたら，アメリカのカリフォルニアに，ジャンプする虫こぶがあるというので，どんなタマバチなのか気になった。

飛び跳ねる虫こぶというので最初はびっくりしたが，北アメリカはタマバチ類が多い所なので，そんな変わり者がいてもいいのではと思うようになった。何しろ，ナラ・カシ類（*Quercus*）に虫こぶをつくるタマバチ（*Callirhytis* 104 種，*Andricus* 93 種，*Neuroterus* 50 種……）だけでも 470 種以上もあり，ヨーロッパの 3.5 倍にも達するというのだから（Askew, 1984）。

調べようがないと思ったが，とりあえずタマバチに関する外国の文献をめくってみる。表紙もなく，綴じ目の糸はすっかり切れているし，まわりからボロボロとくずれていく。何しろ，移転する某大学の廃棄する図書の山の中から，教え子の T 君が掘り出して持ってきてくれたしろものである。幸いなことに落丁，乱丁も

ない。もちろん，今では分類学的に問題を含んでいるが，当時知られていた世界のタマバチをまとめたもので，箱根，熱海，日光など日本から記載されたタマバチも載っている。虫こぶの図も多くなかなか役に立つ（200頁参照）。

眺めているうちに *Cynips saltatoria* [注8] と *Andricus saltatus* [注9] とが目にとまった。それぞれの学名の種小名は，saltatioやsaltus（踊る，跳ねる，の意）に由来するのだろう。よく読んだらやはり，飛び跳ねることが書いてある。とくに後者は地面から2 cmも跳ねるとしているが，記述が簡単なので詳細はわからなかった（Dalla Torre und Kieffer, 1910）。

そうこうしているうちに，情報の提供をお願いしておいた阿部芳久氏から待望のコピーが送られてきた。そのタイトルは『Jumping Seed』という魅惑的なものであった（Leach, 1923）。

それによると，1922年の秋に，オークの木の下でジャンプする"粒コショウ"のようなものを観察したということである。やがて，その中からタマバチが羽化してくるのを確かめ，観察，実験，推理を続けたが，結局自力で謎を究明できなかった，というのだ。

そこで知人の紹介でインディアナ大学のA. C. Kinsey教授とコンタクトをとり，"jumping seed"の正体を明らかにした経過が述べてあった。このKinsey教授は，年配の方なら記憶されておられよう。"キンゼイレポート"[注10]として知られるKinseyその人であろう。

Kinsey教授によると，この"jumping seed"は，*Neuroterus saltatorius*というタマバチの虫こぶであり，その"ノミのようにはねる行動"は，約50年前から知られていたという。この特異な行動を最初に記録したと思われるH. Edwards (1874) は，成熟した幼虫が，虫こぶの内部で，体を急に収縮，屈曲させて運動し，その時の音は雨が枯葉を打つようだと述べている。恐らく，腹部あるいは頭部を虫こぶの壁に急速に打ちつけ，その反動で飛び跳ね

るものと思われる。この行動は，約2週間で見られなくなってしまうというので，虫こぶの葉からの脱落，越冬場所である地面の割れ目などへの定着に役立つのではと考えられる。

このタマバチの虫こぶはオークの葉裏につくられ，とくに変わった形のようには見えない（図28）。日本にもクヌギなどの葉にネウロテルス属 *Neuroterus* による多くの虫こぶが見られるが，まだ飛び跳ねるものは知られていない。

図28 ノミのように飛び跳ねる虫こぶとタマバチの1種（Leach, 1923 より）。

夏休みにアメリカに旅行した高校生から，うっかりと密入国させてしまった"はね豆"（jumping beans）［注11］を"安楽死"させてほしいと頼まれたことがある。おかげで"はね豆"のはね方を見ることができたが，蛾の方は"死にごもり"となってしまい，自然死となってしまった。

また，栃木の生家の裏庭のコアシナガバチの巣から得たヒメバチ（*Latibulus argiolus*）のまゆの動きも面白かった。いずれの幼虫も，程度の差はあれ，ほぼ同じような仕組で，虫こぶ，種子，まゆを動かすのであろう。

6. 忠誠のシンボルとして

　五月ごろ，コナラやミズナラの枝先に，ピンポン玉ほどの黄緑色の虫こぶが出現する。内部はスポンジ状で軟らかく，表面は赤褐色や紫紅色を帯びることもあり美しい。ナラリンゴとかオーク・アップル（Oak apple）との俗称もあり，洋の東西を問わず，発想は似たようなものだ。

　19世紀のイギリスでは，5月29日をOak Apple Day（＝Royal Oak Day）として祝った。1660年の王政復古の記念日である。

　後のチャールズ2世は，ウースターでクロムウェル率いる軍と戦って敗れ（1651年9月3日），ボスコベルのオークの木にひそんで難を逃れた（同年9月6日）。その後フランスに逃げ，クロムウェルの死後，国王不在のまま王政復古が議決され，1660年5月29日にロンドンに戻った。

　そのロンドン入京と，チャールズ2世自身の誕生日とを重ねて，5月29日という日に定めたのである。

　王政復古の記念日には"隠れひそんだ"といわれるそのオークにちなみ，オークの若枝を上着のボタン穴にさして，王への忠誠のシンボルとした。しかもオーク・アップルつきの小枝の方が"粋"であるということでOak Apple Dayということになったのだろう。

　王が隠れひそんでいた時，オーク・アップルがついていたからと言ってしまうと，これはちょっと言いすぎになるだろう。9月では，オーク・アップルからはすでにタマバチが脱出し，色褪せ，干からび，脱落してしまうからである。

　このオーク・アップルは *Biorhiza pallida* というタマバチの両性世代（幼虫）によってつくられたものである。交尾後の雌は地中にもぐり込み，オークの根に大豆ほどの虫こぶ（単性世代）を

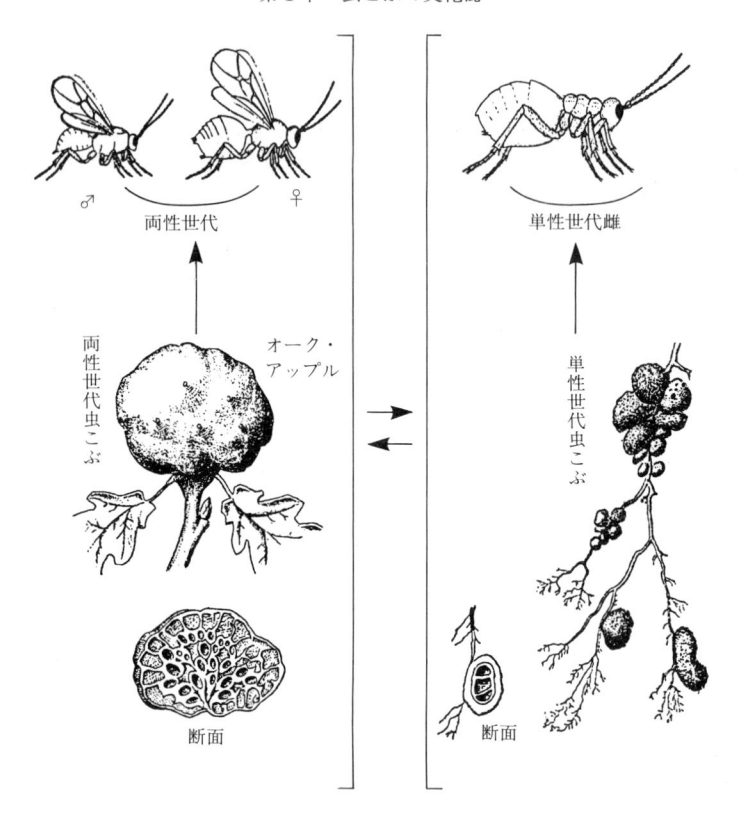

図29 タマバチの1種 *Biorhiza pallida* (Darlington, 1975より) とその虫こぶ (Dalla Torre und Kieffer, 1910より)。図の組合せは筆者による。

つくる。この虫こぶからのタマバチはすべて雌であり、無翅でアリのような体つきである（図29）。この雌は（交尾せずに）オークの冬芽に産卵し、その卵が春に発育を開始し、リンゴ状の虫こぶをつくる（図30）。

ヨーロッパのオーク・アップルの方は、前述のような両性世代の虫こぶ（*B. pallida* による）と、単性世代の虫こぶ（*B. aptera*

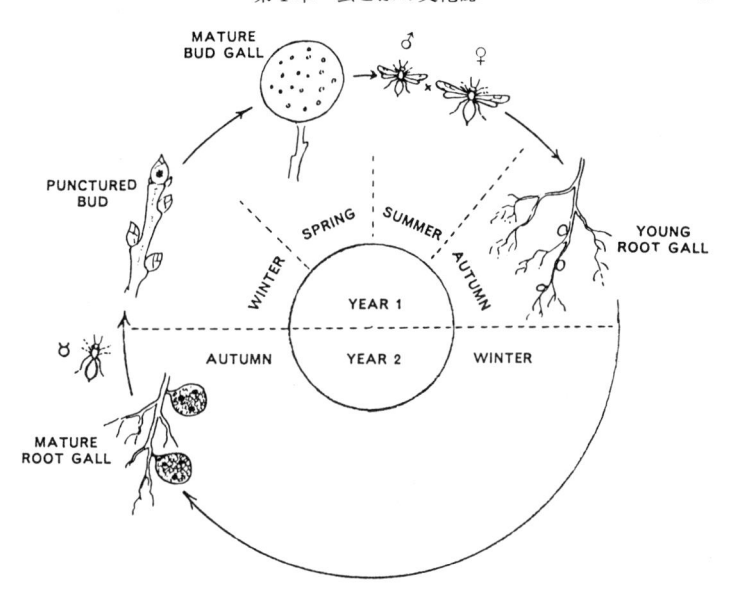

図30 オーク・アップルをつくるタマバチの1種 *Biorhiza pallida* の生活史（Darlington, 1975 より）。

による）との関係が今世紀の初めから調べられた。そして，それぞれの虫こぶをつくるタマバチに別々の学名がつけられていたのが，同一種（*B. pallida*）の別世代のものとして統一されていた。

一方，日本のコナラメリンゴフシ（*B. nawai* による）の場合は，その単性世代の虫こぶ（コナラネタマフシ）や，それから無翅の単性世代雌が"羽化"してくるのが明らかになったのは1950年代である（桝田，1956など）。桝田先生の詳細な飼育実験の結果は，ほぼイギリスのものと同じであることを示し，見事な図とともに私たちを不思議な世界に導いてくれる。

B. pallida の両性世代の雌は，イギリスのでは全て正常翅を持つが，ドイツのには正常翅のほかに短翅や無翅のもあるという

(Askew, 1984)。まだまだ面白いことがありそうだ。

　虫こぶがシンボルである"Oak Apple Day"の行事は1859年まで公式に続いたという。私たちが思っているよりは，はるかに貴族，ナイト，サーなどに"弱い"イギリス人のことである。しぶとく"おらが村"の虫こぶ祭りを続けているような気がしてならない。

7. 奇妙な学名

　栃木の園部力雄さんの学校におじゃまし，授業のあい間に案内をお願いし，ゴマノハグサ科のムシクサにつく虫こぶを調べたことがある。所は太平山に近い水田地帯で，虫こぶは畔や道端にか

図31　ミヨシコバンゾウムシによるムシクサの虫こぶ。

なり普通に見られた。ムシクサの"ムシ"は，この草に虫こぶをつくるミヨシコバンゾウ（ミヨシタマゾウ，ムシクサゾウムシ）に由来する。「蚊母草」という俗名も，虫こぶからの虫を蚊とみたてたものだろう（図31）。

　このゾウムシの学名が *Gymnetron miyosii* Miyosi で，命名者本人が自分に献名したようなかたちになっている。

　この虫を採集した三好浩太郎氏が，昆虫学者の松村松年博士（1872 - 1960）に標本を送って同定を依頼したところ，新種であり *Gymnetron miyosii* Matsumura と命名する予定であると知らされた。ところが松村博士はその後正式な記載をおこなわず，この学名を有効と考えた三好氏が，本種を *G. miyosii* という名で1922年に『昆虫世界』誌上で形態などの記載をおこなった。そのため，命名規約上，最初の発表者である三好氏が命名者となってしまい，前述のような妙なことになってしまった（中根，1966）。

　この虫こぶを時どき開いて，内部をのぞいてみた。やがて蛹になり，針で突っついて刺激を与えると，胸部と尾端とを軸にしてくるくると回転する。脱出孔を開けるのに関係するのかどうかはわからないが，なかなか面白いものであった。

　同様な学名の例が他にもある。コナラのひこばえなどに生ずるコナラメイガフシは，ナライガタマバチ [*Andricus mukaigawae* (Mukaigawa)] によってつくられる。この学名も，向川勇作氏が，自身に献名したようになっており，その経緯もミヨシコバンゾウの場合と同様である。

　向川勇作氏（1883 ? -1927）がコナラメイガフシ（図32）からのタマバチを松村松年博士に送って同定を依頼した。松村博士はこのタマバチを新種であり，*Dryophanta mukaigawae* Matsumura と命名すると連絡した。ところがその後，松村博士は正式な記載をおこなわなかった。

　向川氏はこの学名を有効と考え，産卵習性とともに形態的な特

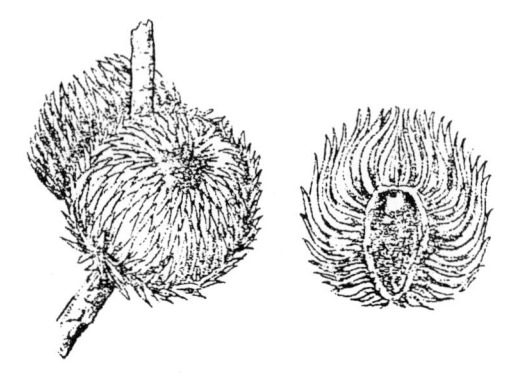

図32 コナラメイガフシとその断面（向川，1922より）。

徴を記載した（向川，1913）のが後に有効とされて，命名規約上 *Dryophanta mukaigawae* Mukaigawa となった。

その後キニプス属 *Cynips* に移されたりしたが，現在では *Andricus mukaigawae*（Mukaigawa）とされることが多い（99頁参照）。

ちなみに向川勇作氏は三重県初瀬(はぜ)村に生まれ，久居農学校卒業後昆虫に興味を抱くようになり，多くの研究観察記録を発表され，農業を営むかたわら長く初瀬村長を続けられたという。

とくにタマバチについての実験的な研究は，単に虫こぶから脱出した成虫を記載することが多かった時代においては貴重なものであったと考えられる。単性世代虫こぶ，両性世代虫こぶの交代を視野においた研究，たとえばコナラメカイメンタマフシやクヌギエダムレタマフシと推定される虫こぶについての研究（向川，1922など）は，桝田長氏以前の日本のタマバチ生活史の研究としては最もすぐれたものといえよう。

向川は，シイの葉を裏面に向かってカールさせるシイオナガクダアザミウマの場合にも，前二例とは意味を異にするが，やはり正式記載より前に学名を使用した（向川，1912）ために"心ならず

図33 シイオナガクダアザミウマ（左）による虫こぶ。シイの葉の虫こぶには，シイマルクダアザミウマ（右）も見られる。シイオナガクダアザミウマを，針で腹部を突っつくなどして刺激すると，尾端を曲げ淡黄色の液を分泌する。この液をなめるとピリピリする。（アザミウマの図は『日本昆虫図鑑』，北隆館，1954より）

も"学名 *Leeuwenia pasanii* (Mukaigawa) の命名者となっている（図33）。この場合の学名の提案者は岡本半治郎であり，正式に記載発表されれば「*L. pasanii* (Okamoto)」となるはずだったのである（芳賀，1978）。ここに紹介した二つの場合とも学名命名の先取権を狙っていることとは思われない。しかし，学名や新種の記載についての規約にうとかった時代には時どきあったことであるが，現在では先ずないことである。

8. 植物図鑑に現われた虫こぶ

植物図鑑に虫こぶが描かれていることがある。また，植物の写真に，意図したかしないかはわからないが，虫こぶが写っている

場合もある。意識的に虫こぶを描いたり，撮影しているのは，その植物に虫こぶの見られる確率が高く，多少はその植物名の同定に役立つとの考えからであろう。また，その中には，虫こぶが，虫こぶのつく植物の種名や俗名の源になっているものもある。ここでは，主に『牧野新日本植物図鑑』（前川文夫，原寛，津山尚 改訂・編集）をもとにして，虫こぶが図示されているものなどを取り上げ，虫こぶ形成者を推定してみよう。

イスノキ

　3種の虫こぶが図示されている。左上の大形のものはイスノナガタマフシ（イスノイチジクフシ）かモンゼンイスフシであろう。球形のものはイスノコタマフシで，葉の虫こぶはイスノハタマフシであろう。イスノキの俗名のヒョンノキは，イスノナガタマフシやモンゼンイスフシを笛としたときのひょうひょうという音によるという。ただし，異説もある。（同書249頁参照）。

　シーボルトとツッカリーニの『日本植物誌』（フローラ・ヤポニカ）にはモンゼンイスフシと思われる虫こぶが示されている（図34-1）。

　昆虫関係以外の本で，イスノキの虫こぶが最も多く図示されていると思われるのは岩崎灌園（いわさきかんえん）（1786-1842）の『本草図譜』（ほんぞうずふ）のものである。これには，前述の4種の虫こぶが彩色図で示されている。ちなみに，『本草図譜』は日本最初の彩色植物図説（92巻，1828年完成）である。なお，ここでの虫こぶは全てアブラムシによるものである（149頁参照）。

ヌルデ

　葉に生ずるヌルデミミフシが図示されている。この虫こぶが五倍子（ごばいし）（付子，あるいは"ふし"）で，ヌルデシロアブラムシによって形成される。"ふし"という語は現在では"虫こぶ"の意味で広

第1章　虫こぶの文化誌

DISTYLIUM racemosum

図34-1　シーボルトとツッカリーニの『日本植物誌』(1835年刊)に載っているイスノキの図（第94図）。

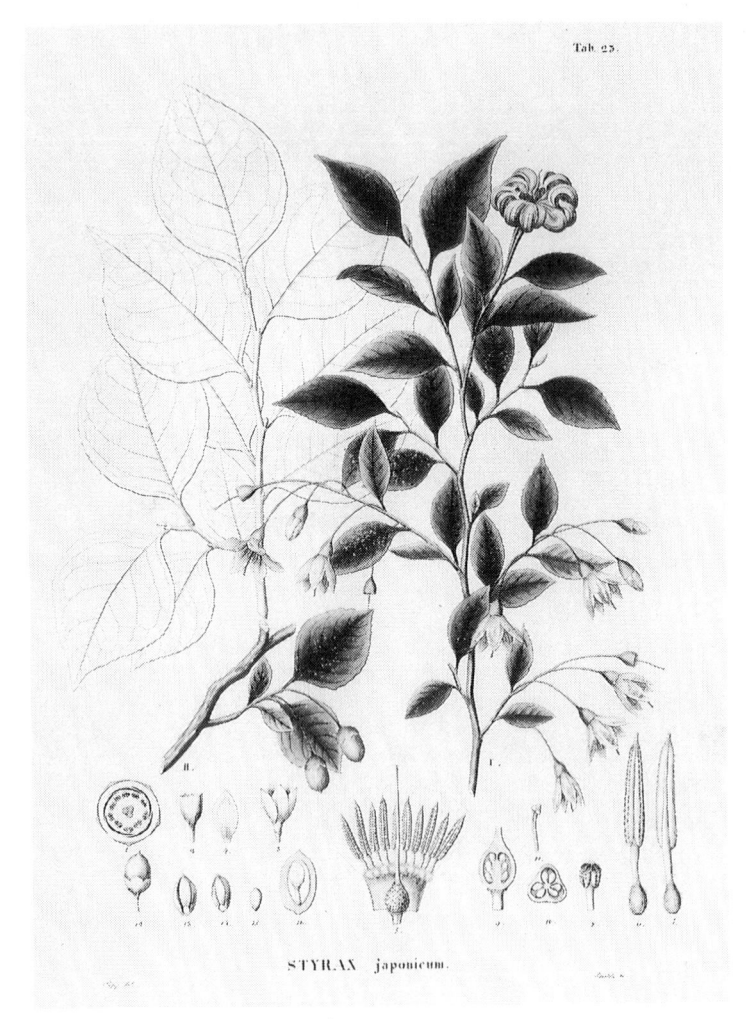

図34-2　同書エゴノキの図（第23図）。

第1章 虫こぶの文化誌

く用いられている（74頁参照）。ヌルデの別名フシノキは，この虫こぶ（＝ふし）が生じることによる。

ノブドウ

図からは正常果なのか虫こぶ化したものなのかは判断できない。解説には昆虫が入っている方が多いとしてある。ノブドウミタマバエの寄生によって，肥大して青や紫に着色することの多い虫こぶはノブドウミフクレフシと呼ばれる。ノブドウミフクレフシからは，タマバエばかりでなく，ブドウトリバガや，これらへの寄生者が脱出するので注意する必要がある。

マタタビ

マタタビミタマバエによるマタタビミフクレフシが図示されている。マタタビの語源は，その果実を食べて"また旅"をするというのではなく，アイヌ語のマタタンブに由来するというのが牧野説（28頁参照）。

ニガクサ

"半翅類"の幼虫が蕾に寄生し，虫こぶとなることを記述している。虫こぶ形成者はヒゲブトグンバイ *Copium japonicum* で，ニガクサのほかにイヌコウジ，シモバシラ，ツルニガクサが寄主として記録されている。

ムシクサ

ミヨシコバンゾウ（ムシクサゾウムシ）*Gymnetron miyosii* が図示されている。子房がこの虫の寄生により虫こぶ化する（61頁参照）。和名は，虫の見られる草ということによる命名である。

シラヤマギク

葉脈上に，タマバエによる虫こぶ（シラヤマギクカワリメフシ）が図示されている。無性芽と誤っての報告もある（24頁参照）。

マコモ

図示されていないが，芽が肥大した"コモヅノ"が食用になるとの記述がある。コモヅノはマコモヅノともいわれ，その形成者は *Ustilago esculenta*（黒穂菌の1種）で，その胞子は木彫り細工の染色などに用いられる（33頁，39頁参照）。マコモヅノは菌えいであるが，ここでは広義の虫こぶ（ゴール）として扱った。

エゴノキ

『牧野新日本植物図鑑』には図示されていないが，シーボルトの『日本植物誌』にエゴノネコアシフシの美事な彩色図がある（図34-2）。この虫こぶはエゴノネコアシアブラムシ［*Ceratovacuna nekoashi*］による。

猫脚とはよく名づけたもので，見るたびにほほえましくなる。しかし，その形成過程などについては，古くから知られていた虫こぶなのに，よくわからないままにされていた。近年，黒須詩子氏が詳細な形成過程と，新しい視点での"アウトサイダー"という1齢幼虫の存在などを調べられた（黒須，1990など）。それによると，アウトサイダーとは虫こぶに入りそこねた1齢幼虫で，虫こぶを守る働きをするという。近縁のハクウンボクには，黄緑色で大形の，ろう細工のようなハクウンボクハナフシが見られる。どうやら，今のところ植物図鑑には載っていないようだが，こちらの方のハクウンボクハナフシアブラムシも，虫こぶ形成に2年かかる（青木，1992）とか，酵母様共生体を持つとか話題にこと欠かない（147頁参照）。

ケヤキ

『牧野新日本植物図鑑』には図示されてないが,『本草図譜』にケヤキフシアブラムシ *Colopha moriokaensis* による虫こぶが図示されている。その葉の上のいぼは虫の巣であるとの解説がついている。このアブラムシはケヤキ(葉)とササ類(根)との間で寄主の交代をおこなっている。

[注1] *Astromyia carbonifera* による虫こぶと思われる。菌類を食べないが,老熟すると菌糸層が硬くなってタマバエが保護されるという (Mani, 1992)。[→24頁]

[注2] コガネコバチ科の *Semiotellus sasacolae*,ハラビロヤドリバチ科の *Platygaster* sp. を得たことがある。他にコガネコバチ科の *Spaniopus sasacolae, Spinancistrus nitidus* などが知られている。[→26頁]

[注3] 虫こぶ中に,エラーグ酸 (Ellagic acid) が多いと,インクに沈殿ができやすいという。エラーグ "Ellag" とは "Galle" (ゴール,すなわち虫こぶの意) の逆綴り。[→31頁]

[注4] 長野県では,カラコギカエデをオハグロシタと呼ぶ地方がある (宇都宮,1975)。[→41頁]

[注5] このイチジクからのイチジクコバチ類 (雌) は,果実の壁に開かれた孔から脱出する。日本のイヌビワコバチは,嚢果先端の鱗片状の部分がゆるみ,ここから脱出する。[→49頁]

[注6] 他にペルシア語のアンジェール→インジェクオ(映日果)→イチジクとの説や,1日に1個熟す,あるいは1か月で熟すので "一熟(いちじゅく)" との説もある。[→50頁]

[注7] Capri fig は野生型で,スミルナ型や普通型の祖先にあたる。果実は食用に適さないという。[→50頁]

[注8] 初め *Cynips saltatorius* として記載されたが,現在では北アメリカに *Cynips* はいないことになっている(Askew, 1984)ので,

　　　　　　　第1章　虫こぶの文化誌

　　　Neuroterus に属名が変更されたのであろう。［→55頁］
［注9］リーチ（Leach, 1923）で *Andricus saltitans* とされているの
　　　と同種でないかと思われる。［→55頁］
［注10］"キンゼイ・レポート" とは，A. C. Kinsey ほか2氏による
　　　『Sexual Behavior in the Human Male』（1948）の略称。後
　　　に女性編（1953）も出版された。［→55頁］
［注11］メキシコなど熱帯アメリカ産のトウダイグサ科植物（*Sebas-tiania* など）の種子に，ある種の蛾（*Carpocaspa saltitans*）の
　　　幼虫が入っているものが土産物として売られている。中の幼虫
　　　の動きに伴い種子が動く。［→56頁］

第 2 章

虫こぶの生物学

これまでは，虫こぶそのものについての，まとまった説明を先送りにして，古い時代での虫こぶについての考えやその利用について述べてきた。本章では，虫こぶの形成される仕組や，虫こぶの分布などについて，生物学的に深めていくことにする。

このような虫こぶを中心にする学問は，Cecidology と呼ばれ，ヨーロッパなどでは古くから自然科学の 1 分野とされていた。その内容を大きく分けるとおよそ次のようになる。

①虫こぶの形態やその組織などについての研究
②虫こぶを形成する昆虫などについての研究
③虫こぶが形成される仕組の研究

いずれも古くから研究されており，しかも新しい問題が次々に生まれており，今後のさらなる発展が期待される研究分野であると考えられる。

本章では，虫こぶの定義—広義と狭義とがある—や虫こぶの一般的構造，虫こぶの見られる植物と虫こぶをつくる生物を簡単に紹介する。また，虫こぶをつくる昆虫の"御三家"ともいえるタマバエ類，タマバチ類，アブラムシ類のうち，前 2 者をとりあげて解説したい。また，虫こぶを中心にして展開される生物群集と，虫こぶをつくる虫による害や，害虫に対する対応などについて述

べることにする。

1. 虫こぶの定義

　植物の葉に"こぶ"がついていたり，芽が異常に変形肥大していることがあり，内部を調べてみると"虫"が見つかることが多い。そのため，この"こぶ"は虫こぶ，あるいは虫えい（虫瘿）と呼ばれた。しかし，このような"こぶ"が，虫（昆虫類）ばかりではなく，ダニ類や線虫類，さらに細菌や菌類（カビ，キノコ類）によってもつくられることがわかってきた。そのため，これらの"こぶ"を虫こぶ（虫えい）と呼ぶのは不適当となり，まとめて"ゴール"と呼ばれることが多くなった。

　このような，いわば広義の虫こぶともいえる"ゴール"（Gall, Galle, Cecidium, Zezidium）は，どのように定義されているのだろうか［注1］。

　次にその定義の例をあげてみる。

　　①寄生生物の影響で，植物（Host）の細胞，組織，器官が病的に，過生長（Hypertrophy）や過増殖（Hyperplacy）したもの（Mani, 1964）。

　　②動物や植物の寄生により，植物（Host）に生じた生長（プラスまたはマイナス）と分化の異常（Meyer, 1987）。

　つまり，生物の寄生の影響で，植物体の細胞に生長や分化の異常が起こり，結果として奇形化したり，過度に肥大化あるいは未発達に終わるような組織や器官が"ゴール"ということになる。

　したがって，蛾の幼虫が葉を糸で綴って筒状にしたり，オトシブミが葉を巻いて，幼虫の食物と隠れ家を兼ねた"落し文"をつくったりするが，これらには植物側からの反応が加わっていないので，ゴールとはいわない。

　また，葉肉中を食べながら移動する，いわゆる葉潜り虫（マイ

ナー miner)の場合もゴールとはいわない。ヤドリギに寄生されたケヤキの枝や幹が異常に肥大することがあるが，物理的，機械的な影響で，ケヤキ側の"積極的"な反応とは考えられず，ゴールに含めないことが多い。

しかし，アブラムシ類の吸汁（に伴う唾液など）の影響で葉が縮れる際，その程度が軽い場合には，ゴールと呼ぶべきか迷うことがある。

ゴールには正常な部分に比べて肥大する場合だけでなく，小形，未発達でとどまる場合もある(定義②)。アオキミフクレフシやエゴノキミフシの場合，タマバエが寄生すると，果実の発育が途中で停止し，正常の大きさに達しないがこれもゴールと呼ばれる。

ゴールのできるきっかけになる生物をゴール形成者（Gall-maker, Gall-inducer, Gall-former）という。それが動物の場合にはCecidozoa，植物の場合にはCecidophytaと，それぞれ総称される（図35）。

ウイルスや細菌，菌類によるゴールは，肉眼では形成者を認めることができないので，それぞれの特有な形状が発現するまでは識別できないことが多い。昆虫類によるものでも，未発達の場合にはゴールであるかどうかわからない場合が多い。樹皮などに固

図35　ゴール（gall）の分類とゴール形成生物

```
Zoocecidia（動物性ゴール）← Cecidozoa（ゴール形成動物）
    Insect gall（虫えい）← 昆虫
    Acarocecidia, mite gall ← ダニ
    Nematoda gall ← 線虫
    ……
    ……
Phytocecidia（植物性ゴール）← Cecidophyta（ゴール形成植物）
    Mycocecidia（菌えい）← 菌類
    ……
    ……
```

着した成熟したタマカイガラムシ類は，時にゴールと間違われることがある。

ともあれ，ここから話を進めるにあたり，適宜，呼称(ゴール，虫こぶ，虫えい，菌えい，など)を使い分けるのでお許しをいただきたい。

なお，個々の虫こぶの名称について，それをどのように命名するかとくに取り決めといったものはない。かなり長い名称が付されていることが多く，初めて耳にする場合は複雑に思われるかもしれないが，かなり規則的に命名されていて，聞き慣れると違和感がなくなるだろう。つまり説明的に命名されているのである。

すなわち，タマバチ類，タマバエ類，アブラムシ類による虫こぶでは，「寄主植物名＋虫こぶの生ずる部分＋虫こぶの形態的特徴＋フシ」のように命名されていることが多い。たとえば，イヌブナハベリタマフシは，イヌブナ(植物名)のハベリ(葉縁)につくタマ(玉)状のフシ(虫こぶ)，という具合である。同様にブナ(植物名)ハ(葉)アカゲタマ(赤毛玉)フシ(虫こぶ)，ブナ(植物名)ハ(葉)カイガラ(貝殻)フシ(虫こぶ)，テイカカズラ(植物名)ネ(根)コブ(瘤)フシ(虫こぶ)ということになる。

しかし，キジラミ類やフシダニ類などによる虫こぶでは，とくに命名されていないものもある。また，慣用的なもので，上の原則に従いながらも植物名の一部を略したエゴノネコアシフシ(エゴノキ)やイスノナガタマフシ(イスノキ)，さらに研究者の名を冠したモンゼニスフシ(門前弘多氏)などの例外もある。

ともあれ，命名する場合には，その名称を"聞く"だけで形態的な特徴を推測できるものであってほしい。

2. ゴールの細胞や組織の特徴

ゴール(広義の虫こぶで，ダニや菌類によるものを含む)の細

胞や組織には，正常の部分のそれとは異なる場合と，それほど違っていない場合もある。このような，ゴールの組織分化の状態に着目したゴールの分類が古くからおこなわれている（Küster, 1911 など）。

 A．類器官性ゴール（Organoid gall）

  異常な器官を新生したり，器官が変化したりするが，その組織は正常のものとほとんど変わらないゴール。例として，各種の天狗巣病にかかった枝や，ヒラズキジラミによるコウガイゼキショウの芽の虫こぶ，などが知られる。

 B．類組織性ゴール（Histioid gall）

  新しい組織が局部に形成され，細胞の過生長，過増殖，異常分化が見られる。

  a．Kataplasmic gall

   寄主の組織とゴールの組織とが区別されにくい。ゴールの細胞の分化程度が低い。例として，菌類によるゴールが知られる。

  b．Prosoplasmic gall

   寄主の組織とゴールの組織とが区別できる。ゴールの細胞の分化の程度が高い。例として，昆虫によるゴールが知られる。

実際のゴールをこの分類にあてはめてみると，AとB，あるいはaとbとにまたがってしまい，うまく分けられないことが多い。しかし，虫こぶだけでなく，菌えいやウイルスなどによる"こぶ"を含めたゴールを考えるとき，便利に利用することができる。

Aのタイプのゴール（類器官性ゴール）としては，天狗巣病によるもののほかに，サツマイモ，ナンキンマメ，エンドウなどにマイコプラズマ様微生物が寄生した場合にも見られている。花の緑色化，葉の黄化・叢生など典型的な類器官性のゴールである。

B-a のタイプのゴール（Kataplasmic gall）は，植物性ゴールに広く見られる。昆虫によるゴールの例としては，アブラムシの葉縮み型のゴールがあげられる。組織的にはほぼ連続してしまい，どこからゴールがはじまり，どこで終わるのか境界がはっきりしない。

B-b のタイプのゴール（Prosoplasmic gall）の場合には，細胞の肥大，細胞数の増加，細胞の崩壊，核の肥大，倍数性細胞の出現などが見られる（図36）。

たとえば，タマバチ（*Diplolepis*）によってバラの葉につくられたゴールでは,正常核の2.6倍も大きい核が見られるという(Mani, 1964)。また線虫によるゴールの細胞では，しばしば多核の巨大細胞が観察されている。細菌によるゴールの細胞には，4倍体あるいはそれ以上の倍数性細胞が見られる。細胞の数の増加については，幼虫室（ゴール形成者がすむ）から一定距離にある組織までは分裂頻度が高くなり，その距離は幼虫室半径の3倍付近という調査例がある（Mani, 1964）。

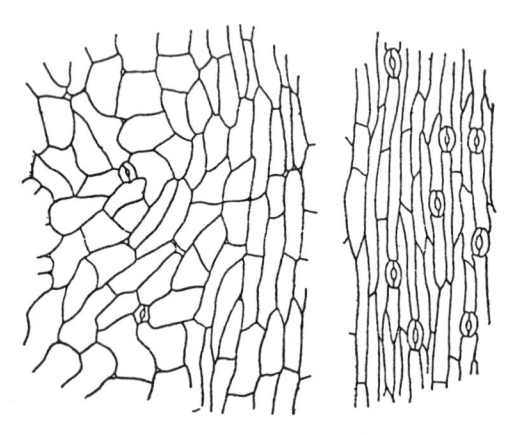

図36 菌類の *Protomyces inouyei* による，オニタビラコの菌えいの表皮細胞（左）と正常部（右）の比較（赤井，1939より）。

3. ゴール形成の仕組

 植物体にゴール形成者がつくと，両者の間の何らかの相互作用によって虫こぶが生ずる。虫こぶ自体を分析するとオーキシンなどの植物ホルモン，タンニン，形成者の分泌したと考えられる消化酵素，タンナーゼ，遊離のアミノ酸などが認められることが多い。

 たとえば，クリタマバチの幼虫は，クリの新芽を小指先ぐらいに肥大させる。このクリタマバチ幼虫から抽出した，酢酸エチルに可溶な成分には，クリの芽を肥大させる効果があるという。さらに，クリタマバチの幼虫を1週間その上で飼育した寒天培地を酢酸エチルで抽出したところ，これにもクリの芽を肥大させる効果が認められたという。しかし，"クリタマバチの虫こぶ"としての特徴を示すまでには至らなかったようである。

 また，コブハバチ類 (*Pontania*) には，産卵に伴う刺激（葉肉組織の破壊，産卵管付属腺からの分泌液の注入など）で，幼虫の摂食刺激なしで虫こぶが形成されるものがあることが古くから知られている。しかし，*Pontania* の他の種類には，さらに幼虫の摂食刺激が加えられないと虫こぶが"完成"されないものもある。

 ニレ類の葉の縁を巻くアブラムシ (*Eriosoma*) では，新芽の枝に定位して吸汁すると，少し離れた先の方の葉が巻いて虫こぶになることがわかった(Akimoto, 1983)。つまり，吸汁しているその場所ではなく，遠い場所にいわば遠隔操作的に虫こぶがつくられるわけである。師管（？）を経て，何らかの物質が虫こぶのつくられる場所に運ばれるにちがいない。葉が裏側に巻いて虫こぶができると，アブラムシは茎から移動して，虫こぶにもぐり込む。

 ヤナギの葉縁を折りたたむハバチでも，小さな虫こぶが先ずできて，それをおおうように葉が折れてくる。すると幼虫が虫こぶ

を出て折れた葉（新しい虫こぶ）を食べるようになったと考えられる例を見たことがある。これも，ちょっとした遠隔操作のように思われる。

　しかし，大部分の虫こぶの形成には，形成者の，恐らくは連続的な摂食や吸汁に伴う，何らかの刺激が必要と考えられる。その刺激が具体的に何なのか，どんな化学物質がどこにどう作用するのか，植物体側に起こる変化の詳細については不明な点が多い。

　いずれにせよ，形成者からの物理的化学的刺激が引き金となり，植物体側のホルモンあるいはホルモン様物質のバランスが変化し，ゴール形成に至ると考えられる（図37）。

　そして非常に興味深いことに，植物と虫こぶ形成者との間に，きわめて特異的な関係が存在している。つまり，虫こぶ形成者から植物側への何らかの刺激，それに伴う植物側の反応との間にほぼ1対1の対応が見られる。そのため特定の形成者とそれによってつくられる虫こぶの形，大きさ，色などの一般的性状はほぼ一定である。つまり，一度虫こぶとその形成者との関係を知ること

図37　ゴール形成の仕組

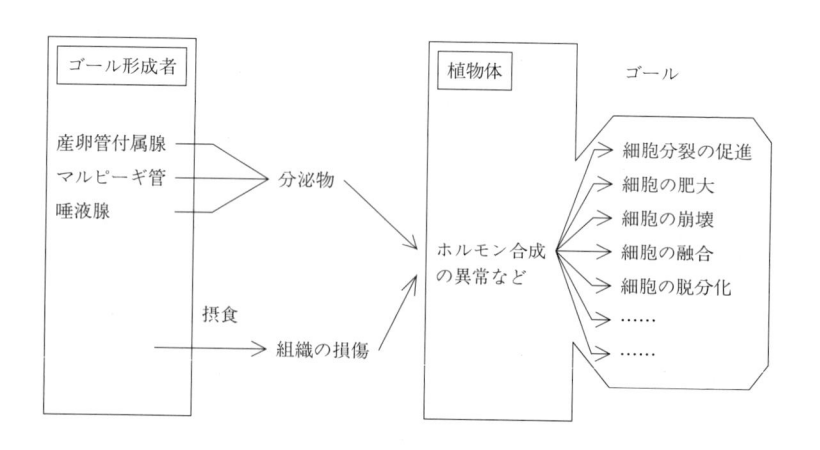

```
┌─────────────┐        ┌─────────┐
│ ゴール形成者 │        │ 植物体  │   ゴール
│             │        │         │  → 細胞分裂の促進
│ 産卵管付属腺 ─┐       │         │  → 細胞の肥大
│ マルピーギ管 ─┼→分泌物→│         │  → 細胞の崩壊
│ 唾液腺      ─┘       │ホルモン合成│ → 細胞の融合
│             │        │ の異常など│ → 細胞の脱分化
│             │        │         │  → ……
│        摂食 →組織の損傷→│         │  → ……
└─────────────┘        └─────────┘
```

ができれば,次にはいつでもその虫こぶの性状から,虫こぶの形成者を知ることになる。

たとえば,コナラの芽には数種の虫こぶが見られるが,ナラリンゴタマバチがつけばピンポン玉大の虫こぶ(コナラメリンゴフシ)が生ずる。ナライガタマバチがつけばコナラメイガフシが生じる。そしてコナラメカイメンタマフシやコナラワカメビクタマフシは,それぞれ別のタマバチによってつくられる。寄主が近縁であれば,同種のタマバチによって,ほぼ似た性状の虫こぶがつくられる。たとえば,ナラリンゴタマバチがミズナラやカシワについたとき,コナラの場合と似た形の虫こぶがつくられる(図38,39)。

近年,虫こぶでの急激な組織の肥大などに着目して,細胞の分裂や成長に関連のある物質が追究された。たとえばヤノイスアブラムシによるイスノキの葉の虫こぶやクリタマバチの虫こぶから,イネの第2葉身を屈曲させる性質を持つ物質(カスタステロンなど)が抽出された。いずれも第6番目の植物ホルモンと考え

図38 ナラ類の虫こぶとタマバチとの関係

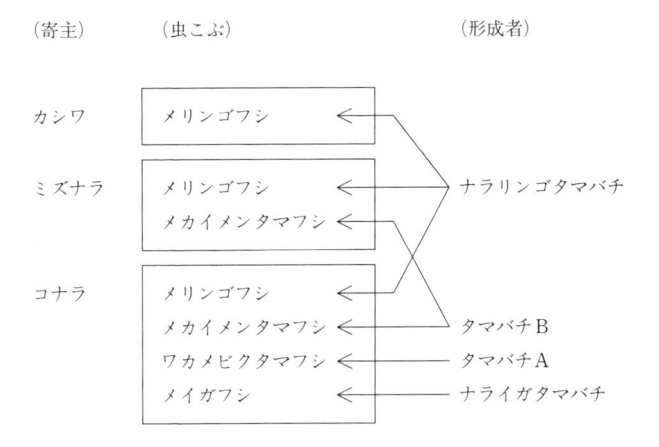

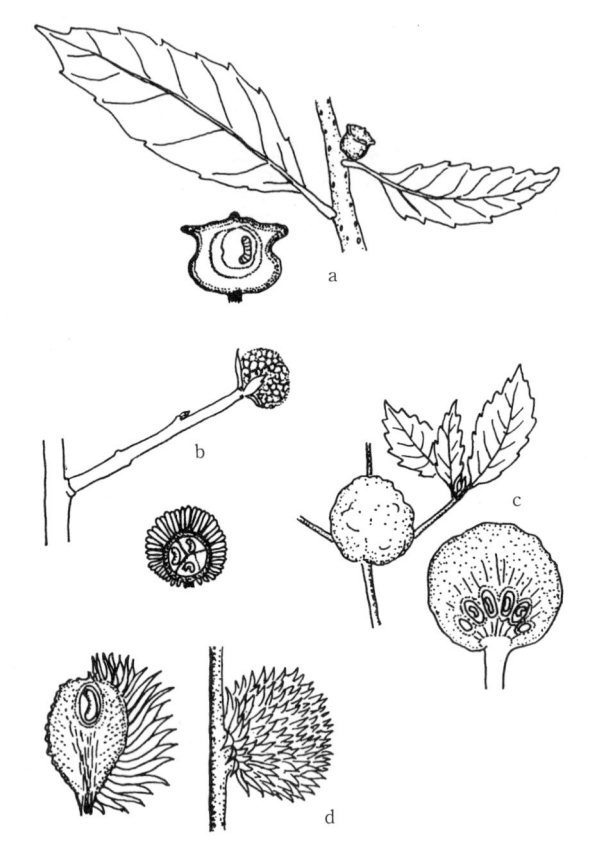

図39 タマバチによるコナラの虫こぶとその断面。a コナラワカメビクタマフシ，b コナラメカイメンタマフシ，c コナラメリンゴフシ，d コナラメイガフシ。

られるブラシノステロイドの仲間であることが明らかになった。ブラシノステロイドは既知の植物ホルモンにくらべて超微量で高い活性を示すことが知られている。しかし，このようなブラシノステロイドと虫こぶ形成との関連については明らかでない。

また，虫こぶ内にしばしば見られる菌類と，虫こぶをつくる昆

虫との関係も，もう一つはっきりしない。ウイルスとの関係も同様である。

4. ゴールのつくりとでき方

虫こぶには種々の構造のものがある。葉にできるゴールだけを見ても，葉表に向かってふくらんだという簡単なものから，2枚の葉がもとになってできる複雑なつくりのものなどいろいろな段階がある（図40, 41）。

卵が植物組織内に産まれる場合の方が，一般的には複雑なつくりのゴールが形成される。タマバチによる虫こぶの一例を示すと，最内層に栄養層が，その外側に保護層がある（図42）。タマバチ幼虫は一般的に，栄養層の細胞あるいはそれに由来する細胞を食べて成長する。

完成した虫こぶの外観が簡単であっても，意外に複雑な形成過程を経るものがある。

ヨーロッパ産のタマバエの1種の葉ふくれ型の虫こぶでは，その表面や毛は葉肉細胞に由来し，かつての表皮はおし破られ，はげ落ちるという（図43）。

またタマバチ類（*Diplolepis* など）では，表皮内に産卵されると，その付近の細胞が崩壊して幼虫は次第に内部に陥入する。やがて入口は閉鎖し，幼虫周囲の細胞が増殖，成長して虫こぶとなる（このような成長過程を経る虫こぶはとくに Lysenchyme gall と呼ばれる）。

虫こぶ内の幼虫の排出物の"始末"についてもいろいろなやり方がある。茎に虫こぶをつくる蛾の幼虫は，髄の内壁を削りとって食べ，糞は内部に貯めておくか，または侵入部などから外に押し出す。しかし，ヤナギの葉に虫こぶをつくるコブハバチの1種では，5月から9月まで，糞は虫こぶ内に貯めておかれる。

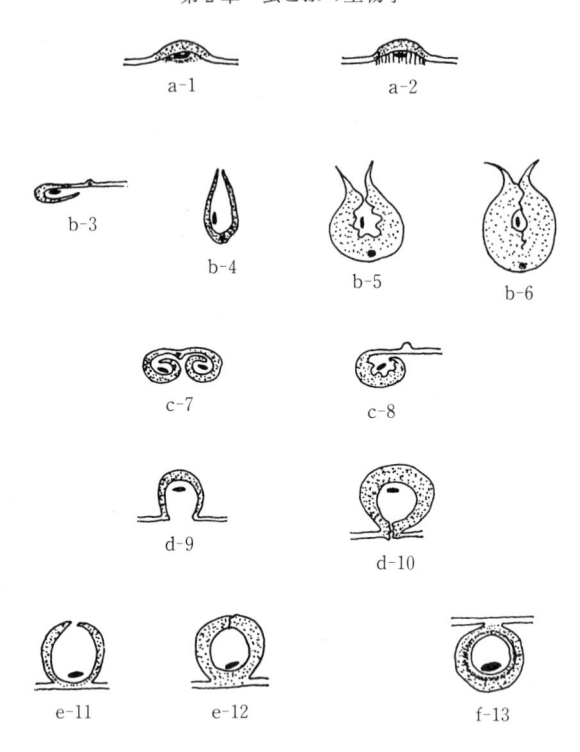

a　葉くぼみ型—1　幼虫は粘液に包まれる
　　　　　　　2　Filz gall（幼虫は毛や腺毛中にいる）
b　葉折れ型—3-6　Fold gall
c　葉巻き型—7-8　Roll gall
d　葉ふくれ型—9-10　Pouch gall
e　11-12　Covering gall
f　13　Mark gall

図40　葉に見られるゴール［1-5 は組織外に産卵，6 は組織内に産卵］。

　また，閉鎖型あるいは半閉鎖型の，アブラムシやキジラミの幼虫では，その排出液は特殊なワックス状物質で包まれ，幼虫の体を汚さないようになっている。これに対し，タマバエやタマバチ

第 2 章　虫こぶの生物学　　83

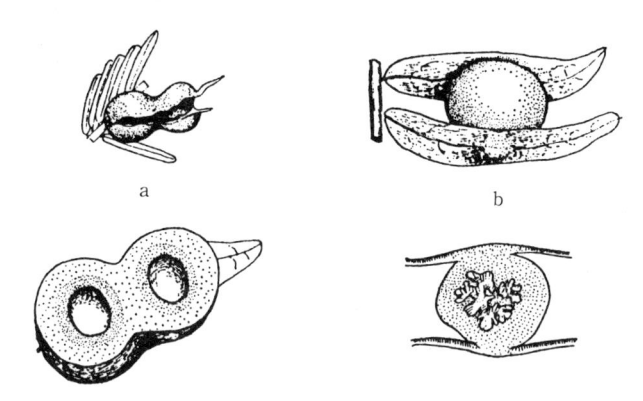

図41　2枚の葉によるゴールとその断面図（Mani, 1964 より）。a アカシアにつくられたタマバエのゴール，b フシダニによるゴール。

幼虫では老熟して虫こぶを脱出するまで，排出しない。この点でもタマバエやタマバチは虫こぶ形成者としての特殊化が進んでいるといえよう。

　虫こぶ形成昆虫が，寄主となる植物の組織外に産卵する場合でも，図40の11, 12のタイプの虫こぶ（いわゆる Covering gall）の場合は外見は非常に多様になる。成長した虫こぶでは組織内に産卵して生じた図40の13のタイプ（いわゆる Mark gall—髄性虫こぶ—）と区別できないものもある。"閉じ方"に種々の程度がある

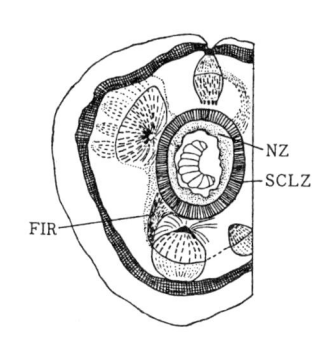

図42　キジムシロ類の茎につくられたタマバチの1種 *Xestophanes* によるゴールの断面図（Mani, 1964 より；一部名称を省略）。NZ 栄養層，SCLZ 保護層，FIR 維管束と幼虫室を連絡する組織。

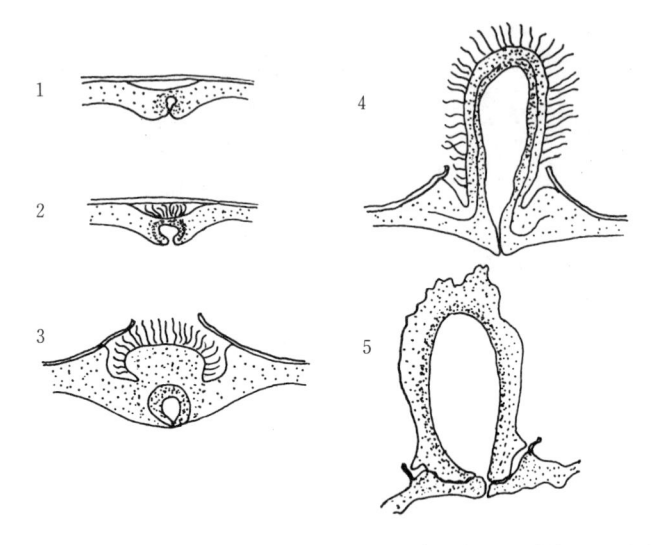

図43 ヨーロッパ産タマバエ（*Hartigiola annulipes*）の虫こぶが形成されるようす（Mani, 1964 より集成略写）。1 産卵部分が内部に陥入しはじめる，2 葉表側の表皮の内側にすきまができ，内生的な毛を生ずる，3 表皮が破れる，4 幼虫室が急激に肥大・成長，5 表面の毛が脱落し，虫こぶと葉との境界層が明らかになる。

からで，このタイプの虫こぶは，タマバチ類，タマバエ類，アブラムシ類などに広く見られる。

Mark gall では，植物組織内に産卵され，虫こぶ形成の初期段階から，幼虫は完全に内部に閉鎖されている。タマハバチ類やタマバエ類によるものが多い。

図示したもののほかに，メフシやハナフシと呼ばれる，芽が肥大あるいはロゼット状になる虫こぶがある（Bud gall, Rosette gall）。この場合，虫こぶのでき方としては，芽が未発達，未展開にとどまるものから Covering gall や Mark gall 的なものまであり，複雑な様相を呈する。

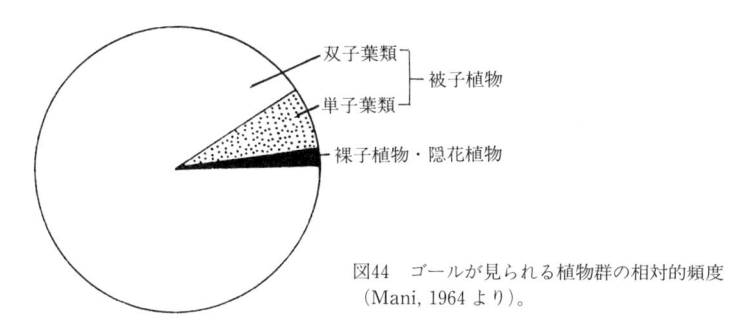

図44 ゴールが見られる植物群の相対的頻度（Mani, 1964 より）。

5. ゴールが見られる植物

　ゴールが形成される植物，つまりゴール形成生物（Gall-maker）の寄主（Host）となる植物は双子葉類に集中している（図44）。裸子植物やシダ植物には少ない。虫こぶを形成する昆虫と，虫こぶを"つくらされる"植物との間の傾向を非常におおまかにまとめると次のようになる。

　①タマバチ類はクヌギ，ナラなどのブナ科植物を中心に虫こぶをつくる。
　桝田長氏による山梨県での研究結果では，タマバチ類のつくる89種［注2］の虫こぶのうち，84種（94.4％）がブナ科に見られる（岩田，1971）（表6）。
この傾向は日本だけのものでなく，Kinsey のアメリカでの調査（井上，1960による）でもほぼ同様である。
　ブナ科—86％
　バラ科— 7％
　キク科— 7％
　タマバチ類は，ブナ科のなかでもクヌギ，ナラなどのコナラ属

表6　タマバチ類の虫こぶ（種類数）とその寄主（岩田，1971による）

寄主	虫こぶ	寄主	虫こぶ	寄主	虫こぶ
コナラ	32	ノイバラ	2	キクアザミ	2
クヌギ	20	キイチゴ	1		
ミズナラ	19				
カシワ	6				
アラカシ	6				
クリ	1				
ブナ科 (94.4%)	84	バラ科 (3.4%)	3	キク科 (2.2%)	2

[*Quercus*]を寄主にする傾向が強く，北アメリカではコナラ属だけで，タマバチ類29属，473種が虫こぶをつくるという（Askew, 1984）。

②タマバエ類は広範囲の植物群に虫こぶをつくる。

タマバエ類は，双子葉植物を中心に，単子葉類，裸子植物，シダ植物に虫こぶをつくる（図45）。日本では約300種のタマバエ類による虫こぶが知られるが，キク科，ブナ科，ヤナギ科，マメ科，

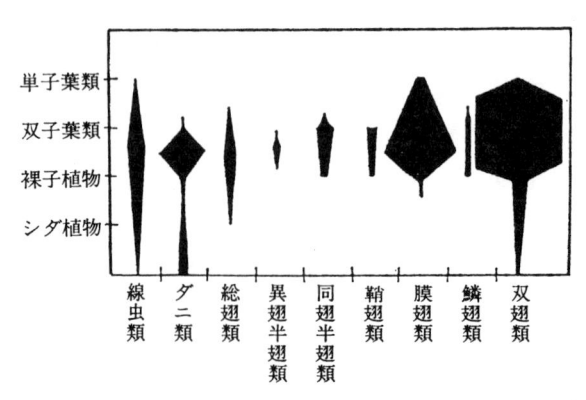

図45　世界の高等植物に見られるゴールと，ゴール形成動物との相対的頻度（Mani, 1964 より）。

バラ科，スイカズラ科などにとくに多い。ブナ科でも，タマバチ類と異なりコナラ属には少なく，ブナ属［*Fagus*］に多い。

　しかし，タマバエの属単位で見ると，狭い範囲の植物群と関連しているのもある。たとえばラブドファガ属 *Rabdophaga* のタマバエはヤナギ類に，ロパロミイア属 *Rhopalomyia* のタマバエはヨモギ類を中心に虫こぶをつくる。しかし，アスフォンディリア属 *Asphondylia* のタマバエは，特定の植物群との関連はあまり認められない（191頁参照）。

　③虫こぶが多種類つくられる植物がある。

　刺激に対する反応性が高いためか，多種類の虫こぶがつくられる植物もある（図46）。ヨモギ，エノキ，エゴノキ，ヤナギ類とは，いくつかの分類群の生物が虫こぶ（広義）をつくる。一方，忌避物質や生長阻害物質を含むのか，今のところ，イチョウのように

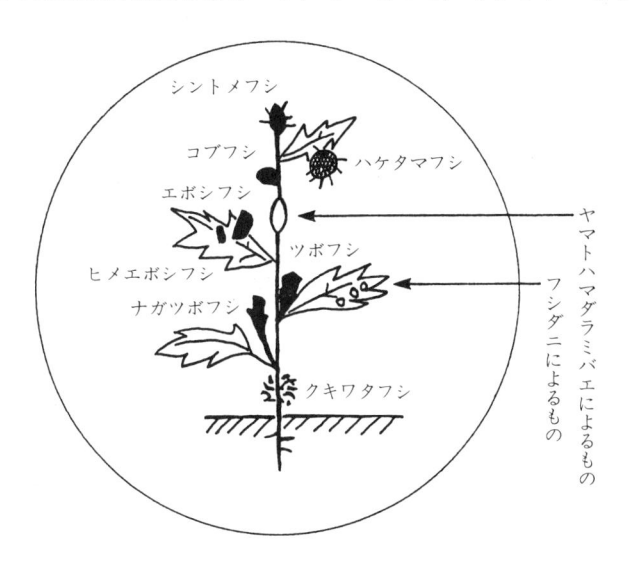

図46　ヨモギ類のゴール。一部を除きタマバエ科の昆虫によるものである。

虫こぶが認められない植物もある。

若葉の方が反応性が高く，組織の可塑性が高いとするなら，長期間生長を続け，あるいは休眠芽の休眠が破られやすい植物の方が，虫こぶがつくられやすいことになろう。もちろんこれだけの理由ではないだろうが，葉の反応性に関係しそうな例もある。エノキカイガラキジラミは，背面に白色貝殻状の分泌物(lerp)をつくるが，春型ではさらに虫こぶをつくるけれども秋型ではつくらない（128頁参照）。

一方，タブノキやシキミの古い葉（2，3年葉）にも，例外的にタマバエによる虫こぶがつくられることがあるので（湯川，1981），話はそれほど簡単ではないようである。

④虫こぶは葉や茎に多く，根には少ない。

植物体のほとんど全ての部分に虫こぶがつくられる。その頻度はおよそ葉＞茎＞芽＞花＞果実＞根である（図47）。虫こぶ（広義）形成者のグループにより，その頻度にはかなり差がある。根には

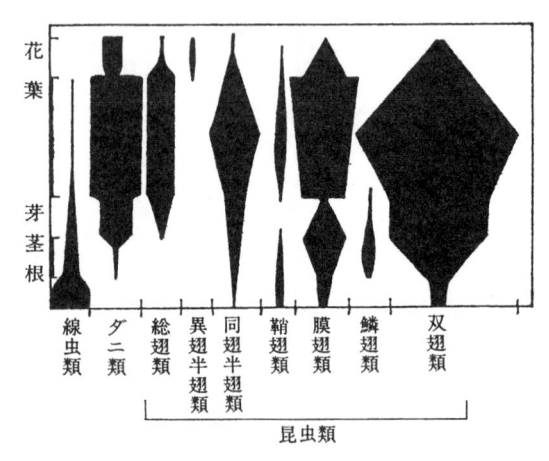

図47　世界のゴール形成動物とゴール形成部分との相対的頻度（Mani, 1964 より）。

線虫類やタマバチ類がつくが，少ない。

6. ゴールをつくる生物

　ゴールをつくる生物の大部分は動物であり，植物は少ない（図48）。ゴールをつくる動物の主要なものは双翅類（タマバエ類など），膜翅類（タマバチ類，コブハバチ類など），同翅半翅類（アブラムシ類，キジラミ類など）の昆虫とダニ類（フシダニ類など）である（図45, 47）。

　日本での頻度も図45・47とほぼ同様な傾向と思われるが，日本は温帯に位置するためか，総翅類（アザミウマ類）が少ないのが特徴的である。

　以下，主なゴール形成生物について簡単に述べることにする。タマバチ類とタマバエ類については別に項を設けてふれることにする（92頁，100頁参照）。

　①ウイルス類
　②マイコプラズマ類［注3］
　キリの天狗巣病（若枝が徒長叢生し，天狗巣状になる（*Mycoplasma* sp. による）もの）などが知られている。（75頁参照）
　③細菌類

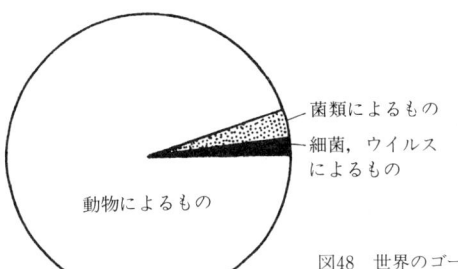

図48　世界のゴールとゴール形成生物との相対的頻度（Mani, 1964より）。

Crown gall をつくる *Agrobacterium*, Root nodule（根粒）をつくる *Rhizobium* や葉粒をつくる *Bacterium*（寄主はマンリョウ類）や *Xanthomonas*（寄主はオオバタラヨウ）などが有名である。

④菌類

ツツジ，ツバキ，サザンカの葉が多肉化してふくれるのは餅病菌［*Exobasidium*］による。

アカマツの枝のこぶは，新しい組織が局部的に増殖する典型的な Histioid gall で，錆(さび)菌類の１種（*Cronartium*）が寄生することによる。

トウモロコシの"お化け"は，果実に黒穂菌［*Ustilago*］が寄生することによって生ずる。

ソメイヨシノなどの天狗巣病は，Witch's broom（魔女の箒）と呼ばれ，*Taphrina* という菌類によって枝が叢生するようになったものである。局部的に新器官（ここでは枝や葉）を新生するので典型的な Organoid gall である。

⑤ワムシ類（輪形動物）

ある種のワムシ（*Proales*）がフシナシミドロ類にこぶをつくることが知られている。

⑥線虫類

いわゆるネマトーダ Nematoda で，多くの植物にこぶをつくり，農業上の"害虫"となっている。ツブセンチュウ類（*Anguina*），クキセンチュウ類（*Ditylenchus*），ネコブセンチュウ類（*Meloidogyne*）やシストセンチュウ類（*Heterodera*）が代表的な例である。後２者は巨大細胞をつくることや，シスト（嚢胞）内の卵の耐久性が非常に強いことでも有名である。

⑦ダニ類

ダニ類でゴールをつくるのは，大部分が，フシダニ上科 Eriophyoidea に属するもので，少数がヒメハダニ科 Tenuipalpidae に属するものである［注４］。前者にはフシダニ類が含まれ，脚が

2対である点で他のダニ類と区別される。小型で形態的特徴が見にくい。クコフシダニ，クリフシダニ，ヌルデフシダニなどで，多くは葉の表皮細胞を毛状に伸長させる，いわゆる Filz gall をつくる。学名が未決定であるものが多い。

⑧アザミウマ類（総翅類）

フウトウカズラノクダアザミウマ，シイオナガクダアザミウマ，ヨウジュノクダアザミウマなどがよく見られ，近年はカキクダアザミウマの害が目立ってきた。インド，東南アジアなどには多いが，日本には多くない。

⑨キジラミ類（同翅半翅類）

おもに葉に虫こぶをつくる。多くは開放型だが，ウコギトガリキジラミのように閉鎖型の虫こぶをつくるものもある。

⑩アブラムシ類（同翅半翅類）

葉巻き型，葉縮れ型を主とする開放型の虫こぶをつくることが多いが，イスノナガタマフシのような閉鎖型の虫こぶをつくるものもある。お歯黒の材料となった"五倍子"はヌルデシロアブラムシの虫こぶである。

⑪カイガラムシ類（同翅半翅類）

虫こぶをつくるものは少なく，フサカイガラムシやカブラカイガラムシなどに知られている。前者は典型的な Pit gall をつくり，クリプトコックスの1種（*Cryptococcus* sp.）はコナラの樹皮をふくらませ，その下で生活する。

⑫グンバイムシ類（異翅半翅類）

ニガクサやシモバシラの蕾を変形させるヒゲブトグンバイムシが知られている。(67頁参照)

⑬カミキリムシ類

虫こぶをつくるものは少ない。中国，台湾に産するクロホシゴマダラカミキリ［*Anoplophora lurida*］はクリの2年枝に虫こぶをつくるという。

⑭ ゾウムシ類

ムシクサの子房を肥大させるミヨシコバンゾウやクズの茎を肥大させるオジロアシナガゾウなどが知られている。

⑮ ガ類

スカシバ類などに茎に潜入して虫こぶをつくるものがある。

⑯ ハバチ類

コブハバチ類（*Pontania, Euura*）がヤナギ類に虫こぶをつくる。

⑰ コバチ類

タケ類の小枝をふくらませるモウソウタマコバチなどがあるが多くはない。コバチによるとされる虫こぶの古い記録の中には，本来の虫こぶ形成者に寄生したコバチを誤認したものがある。

⑱ タマバチ類

フシバチとも呼ばれ，コナラやクヌギなどに虫こぶをつくるものが多い。タマバチ類の全てが虫こぶをつくるのではなく，一部は寄生生活，寄居生活を送る。現在でも利用されている"没食子"はインクタマバチによる虫こぶである。

⑲ タマバエ類

虫こぶをつくる昆虫のうち，最も種類数が多く，学名が決定されていないものも多い。作物や樹木の害虫として駆除の対象となることもある。

双翅類にはタマバエのほか，ミバエ科，キモグリバエ科，ハモグリバエ科のものが虫こぶをつくる。

7. タマバチ類とその生活

虫こぶをつくる昆虫の代表的なものにタマバチ類がある（86頁参照）。タマバチの"タマ"は虫こぶの"こぶ"の意である。

分類上の位置とおよその生活

日本産のタマバチ上科 Cynipoidea のうち,虫こぶをつくり,あるいはそれに寄居するものはタマバチ科 Cynipidae のものである。その他のものは昆虫の寄生者である(図49)。

ヒラタタマバチ(ヒラタフシバチ)科のイバリア属 *Ibalia* は,木材中にすむキバチ類,カミキリムシ類の幼虫に寄生する。また,*Kleidotoma japonica* はオンセンバエ幼虫に寄生する。カリプス亜科 Charipinae の蜂はアブラムシのいわゆる"ミイラ (Mummy)"から脱出してくるが,アブラムシに直接寄生するのではなく,アブラムシに寄生するアブラバチ類(*Aphidius, Praon*

図49 タマバチ類とその生活 (Askew, 1984 などによる)

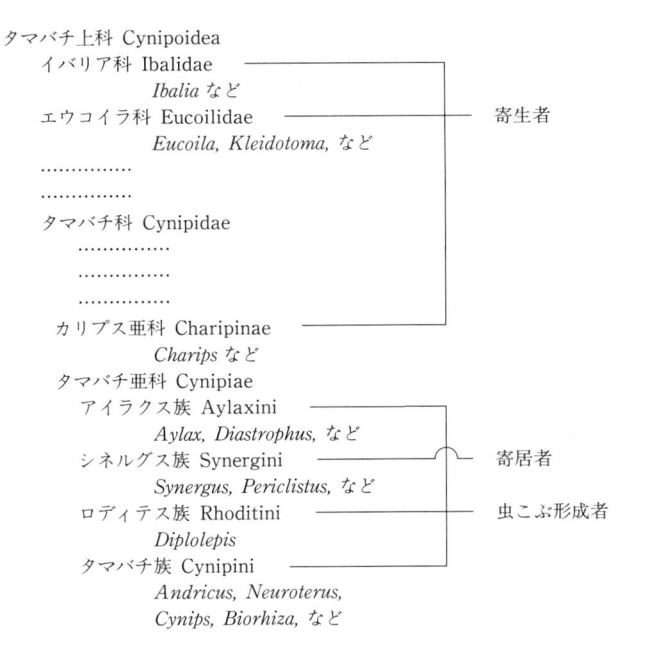

```
タマバチ上科 Cynipoidea
    イバリア科 Ibalidae ────────────┐
        Ibalia など                    │
    エウコイラ科 Eucoilidae ──────────┼── 寄生者
        Eucoila, Kleidotoma, など      │
    ..............
    ..............
    タマバチ科 Cynipidae
        ..............
        ..............
        ..............
        カリプス亜科 Charipinae ──────┘
            Charips など
        タマバチ亜科 Cynipiae
            アイラクス族 Aylaxini ─────┐
                Aylax, Diastrophus, など │
            シネルグス族 Synergini ─────┤── 寄居者
                Synergus, Periclistus, など
            ロディテス族 Rhoditini ─────── 虫こぶ形成者
                Diplolepis
            タマバチ族 Cynipini
                Andricus, Neuroterus,
                Cynips, Biorhiza, など
```

など）に寄生する二次寄生者である。

タマバチ科のうちには虫こぶをつくるものと，タマバチ科の虫こぶに寄居するものとがある。タマバチ族 Cynipini は全てブナ科に虫こぶをつくり，他はバラ科やキク科などに虫こぶをつくる。

日本産の虫こぶをつくるタマバチの分類学的研究は Ashmead (1904)，進士(1938, 1944など)，安松(1937, 1951など)，門前(1953, 1954など)によってなされているが，虫こぶの記載を伴わなかったり，虫こぶ形成者と寄居者とを混同したり，単性世代の蜂と両性世代の蜂をそれぞれ別種として記載しているものがあるなど混乱が多い。

継続的な野外観察ないしは実験的な飼育により世代交代の実態にせまる研究は向川（1913, 1922）や桝田（1956など）など在野の研究者によってなされたものが多い。桝田長氏の積年の労作が発表され，イギリスやアメリカなみの水準に達することが期待される。

生活史の型

タマバチ類の生活史を世代交代などをもとにして分けると次のようになる。

①年1化性で両性生殖をおこなうもの

1年に1回の発生で，雌雄が生じ，両性生殖をおこなう。日本産のものではノイバラタマバチ［*Diplolepis japonica = Rhodites japonicus*］がこのタイプに属する（Yasumatsu & Taketani, 1967）（図50）。

②世代交代をおこない，単性世代が1型のもの (Deuterotoky)

単性世代の雌から雌，雄を生じ，これが両性生殖をおこなう。日本のタマバチ類にはこの型のものが多い。たとえばナラリンゴタマバチの両性世代虫こぶからは雌雄が生じ，交尾後の雌が根に産卵し，この虫こぶからは雌のみが生まれる。この雌が芽に産卵

第2章 虫こぶの生物学   95

図50 年1化性で両性生殖をおこなうもの

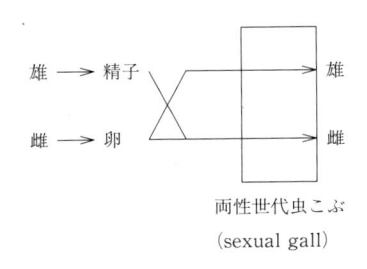

```
雄 ──→ 精子 ╲ ╱ ──→ 雄
           ╳
雌 ──→ 卵   ╱ ╲ ──→ 雌
```
両性世代虫こぶ
(sexual gall)

図51 世代交代をおこない，単性世代が1型のもの

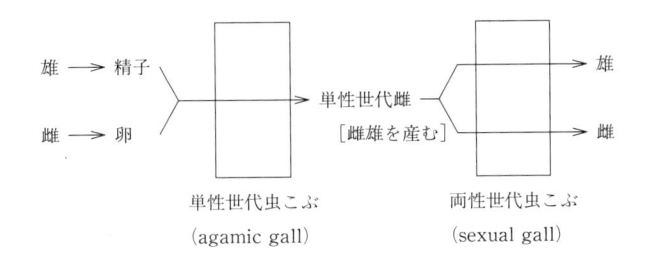

```
雄 ──→ 精子 ╲
            ├──→ 単性世代雌  ──→ 雄
雌 ──→ 卵   ╱   [雌雄を産む]  ──→ 雌
```
単性世代虫こぶ　　　両性世代虫こぶ
(agamic gall)　　　(sexual gall)

図52 世代交代をおこない，単性世代に2型あるもの

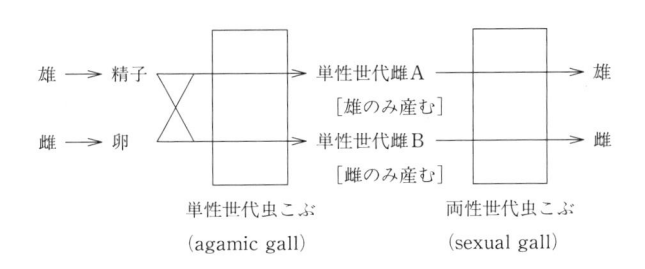

```
雄 ──→ 精子 ╲ ╱ ──→ 単性世代雌A ──→ 雄
            ╳      [雄のみ産む]
雌 ──→ 卵   ╱ ╲ ──→ 単性世代雌B ──→ 雌
                   [雌のみ産む]
```
単性世代虫こぶ　　　両性世代虫こぶ
(agamic gall)　　　(sexual gall)

するとメリンゴフシが生ずる。メリンゴフシ（両性世代虫こぶ）からは雌雄が生ずる（桝田，1956）（図51）。

③世代交代をおこない，単性世代に2型あるもの

図53 年1化性で，単性生殖だけをおこなうもの

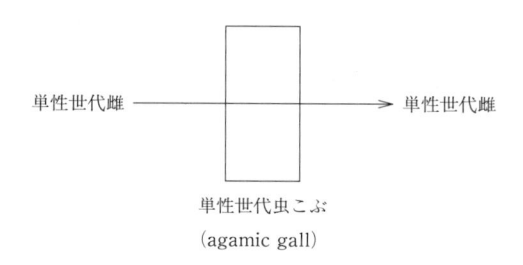

単性世代雌 ─────────→ 単性世代雌

単性世代虫こぶ
(agamic gall)

　雄のみを産む単性世代雌と，雌のみを産む単性世代雌が生ずる。日本のものでははっきりした例を知らない。外国産のネウロテルス属 *Neuroterus* の例をあげる（図52）。

④年1化性で，単性生殖だけをおこなうもの

　年1回発生で，世代交代はせず，雌が雌を産み，雄は見られない。クリタマバチ［*Dryocosmus kuriphilus*］がこのタイプである（図53）。

　上述の②，③のタイプのように，タマバチ類には世代交代をおこなうものがあり，世代によって虫こぶの形が異なる。そのため，同一種の別世代のものを，それぞれ別種として記載されたものも多い。また，従来年1回発生で単性生殖をするとされていた［注5］クヌギエダイガタマバチ［*Trichagalma serrata*］は，④のタイプではなく，世代の交代をおこなう②のタイプであることがわかった(桝田，1972)。つまり，冬に虫こぶから脱出した蜂は全て雌で，花芽に産卵する（図54-a）。やがて，垂れ下がった雄花の花序に米粒の半分もない虫こぶ（クヌギハナチビツヤタマフシ）（図54-b）がつくられ，ここからは雄と雌が羽化脱出する。交尾後の雌が，樹皮下に産卵する（5月中旬）。わかってしまえば，"春季新梢が伸長を始めても卵は植物組織中にそのままの状態にとどまり，芽の伸長とともに新しい部位へ自動的に移動する。卵は7か月の卵

第2章 虫こぶの生物学

図54 a クヌギの花芽に産卵中のクヌギエダイガタマバチ(12月)。b クヌギハナチビツヤタマフシ（矢印の先）。c クヌギエダイガフシ。これは、クヌギハナチビツヤタマフシからの両性世代雌に産卵させ（4月21日），その結果生じた単性世代虫こぶ（9月末に撮影）。この虫こぶ内の幼虫は11月9日に蛹化した。

期を経て夏季に孵化する"という"苦しい"説明も氷解する。小型で，短期間に成熟する両性世代虫こぶの観察を欠いたまま，それまでの観察事実をつないでしまったためとも考えられる。しかし，両性世代を欠く系統（④のタイプ）が存在する可能性もゼロではない。次のような事実があるからである。

カシワやモンゴリナラの芽に緑色の"花"状の虫こぶ（カシワメニセハナフシ）をつくるタマバチと，コナラなどにクリの"いが"状の虫こぶ（コナラメイガフシ）をつくるタマバチとは，成虫の形態での差が少なく，古くから分類学者を悩ませていた。

しかし，生活史を調べてみると前者は年1世代で単性世代のみを繰り返す（④のタイプ）が，後者は年2世代で世代交代をおこなう（②のタイプ）ことがわかってきた。

カシワには両者がつくが，幸い虫こぶ（単性世代虫こぶ）の形

図55 a クヌギハナカイメンフシ（両性世代虫こぶ）。b クヌギハナカイメンフシからの両性世代雌に産卵させ，その結果生じたクヌギハケタマフシ（単性世代虫こぶ）。

にも違いが認められるので区別がつくという。

　もしも虫こぶでも区別がつきにくいなら，両者は同種とされてしまい，同種のものに1世代型と2世代型があることになってしまう。

　阿部芳久氏は，前者(*Andricus targionii*)を，後者(*A. mukaigawae*)から派生したものとし，後者から両性世代が欠落したものが前者との見解を述べておられる（Abe, 1986）。

　ともあれ，タマバチ類の成虫では，形態的な差が少ないので，生活史の研究においても寄主となる植物や虫こぶの性状の記録，標本の保存など，慎重な配慮が必要であることを，今さらながら感じさせられる。

　桝田氏の精力的な，実験的研究によりクヌギやコナラなどにつく，タマバチ類による単性世代虫こぶと両性世代虫こぶの関係が明らかになりつつある（図55）。いずれ「日本原色虫えい図鑑」などに発表されると思われるので，虫こぶの名称等の混乱をさけるため，ここでは既発表のものを表示するにとどめる（表7）。

表7　タマバチ類によるクヌギやコナラの虫こぶ

虫こぶ形成昆虫 [学名]	単性世代虫こぶ	両性世代虫こぶ
①ナラリンゴタマバチ [*Biorhiza nawai*]	コナラネタマフシ	コナラメリンゴフシ
②クヌギイガタマバチ [*Trichagalma serrata*]	クヌギエダイガフシ	クヌギハナコツヤタマフシ
③ナライガタマバチ [*Andricus mukaigawae*]	コナラメイガフシ	コナラハチビタマフシ（＊）

出典—①桝田，1956，1959，1972；②1972；③1959，1972
（＊）別名コナラハコチャイロタマフシ・ナラワカメコチャイロタマフシ
[注]　クヌギの雄花序には，他に数種の虫こぶが見られる（埼玉県浦和付近の観察でも5種）ので注意が必要である。

8. タマバエ類とその生活

　虫こぶをつくる昆虫で，最も種類数が多く，広範囲の植物群に虫こぶをつくっているのはタマバエ類である。タマバエ科のハエは4500種ほど知られ，その約半分は虫こぶをつくるという。

分類上の位置とおよその生活

　双翅類（ハエ目(もく)）のうち，長い触角を持つカ（蚊）ような仲間（長角亜目）のうちで，虫こぶをつくるものが含まれているのは

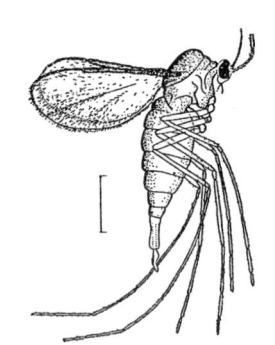

図56　タマバエの1種の成虫（Skuhravá et al., 1984 より）。スケールは1mm。

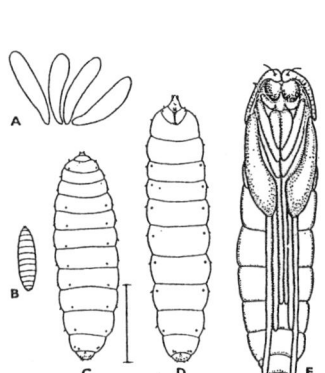

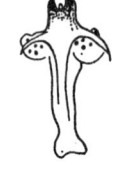

図57　胸骨（Skuhravá et al., 1984 より）。

図58　タマバエの1種の発育ステージ（Skuhravá et al., 1984 より）。A 卵，B 1齢幼虫，C 2齢幼虫，D 3齢幼虫，E 蛹。スケールは1mm。

タマバエ科 Cecidomyiidae だけである。

成虫は長い数珠状の触角，脈の少ない翅，脚の脛節末端に刺(距刺)がないなどの特徴を持っており(図56)，幼虫の口器ははっきりせず，前胸腹面に胸骨(Breast bone, Sternal spatula)というキチン化した突起を持つ。種類によってはこれを欠き，あるいは幼齢では判然としない場合もある。少なくともこれを持っていれば，タマバエの幼虫とみなしてよい(図57, 58)。

タマバエ科の全てが虫こぶをつくるのではなく，食菌性，食腐性のものもあり，これらは腐植土や朽土の中などで生活している。幼虫(や蛹)の体内に，幼虫が生ずるという幼生生殖の例としてあげられるタマバエは，虫こぶをつくるタマバエではなく，*Miastor* や *Heteropeza* に属する食菌-食腐性のタマバエである。先年，宮崎県のヒラタケ栽培地で，日本で初めて発見された幼生生殖をおこなうタマバエは *Mycophila* という属のものであった(湯川, 1986)。

一方，幼虫がヒラタアブを小形にしたような形をし，アブラムシを捕食する肉食性のタマバエもある。

また，幼虫が寄居者となるものや，植物の虫こぶでない部分を

表8　**タマバエ類幼虫の食性タイプ** (Roskam, 1992)

亜科	族	菌食	植物食	虫こぶ	肉食
Lestremiinae	Lestremiini	○			
	Moehniini	○			
	Micromyiini	○			
Cecidomyiinae	Heteropezini	○			
	Porricondylini	○			
	Oligotrophini	○	○	○	○
	Lasiopterini		○	○	
	Cecidomyiini	○	○	○	○
	Asphondyliini			○	

食べるなど，多様な生活が見られる（表8）。

肉食性のタマバエ（幼虫）は，他のタマバエ幼虫（虫こぶの外部や内部），アブラムシ，キジラミ，カイガラムシ，アザミウマなどを捕食する。*Aphidoletes* という属のタマバエ幼虫1匹が，7日間に60-80頭のアブラムシを捕食した例がある（Skuhravá et al., 1984）。

植物食性のものには虫こぶをつくらず，花や葉鞘，朽木などの中で生活するものと，寄居性のものが含まれる。

寄居性のタマバエ類では，同じ属に含まれるが，種によって虫こぶをつくるものと寄居するものがある（*Dasineura*，*Lasioptera*など）ので，注意する必要がある。

寄居の対象になる虫こぶはタマバエによるものが多いが，時にはタマバチ類，キジラミ類の虫こぶが選ばれる。

クヌギの枝を不規則に変形させ，時に"pest"とされることのある虫こぶ（クヌギエダコブフシ）からタマバエ類，タマバチ類，多くの寄生蜂が脱出してくる。この場合のタマバエとタマバチのいずれが虫こぶ形成者で，いずれが寄居者なのかよくわからない。虫こぶから脱出したというだけでは，どちらにもその可能性があるからである。

9. 虫こぶを利用する他の生き物

植物体の一部に虫こぶが生じると，これを食べる，あるいはそれに寄生する，あるいは空洞になった虫こぶに住みつく，というように多くの昆虫類などが集まってくる。したがって，虫こぶから脱出した昆虫などを，ただちに虫こぶ形成者（Gall maker）とみなすことは誤認のもとになるので注意したい。

以下，虫こぶを中心とする生物群集の主な構成者とその特徴をあげることにする。

寄生者 (Parasite)

　虫こぶ形成者に寄生する主なものは，コバチ類，ハラビロクロバチ類，コマユバチ類などであり，ヒメバチ類が少ない。ヒメバチ類が少ないことの理由はよくわからない。

　これらの寄生者に二次的，三次的に寄生する高次寄生者 (Hyperparasite) があり，なかには同種の他個体に寄生するものもある (Autoparasitism, 自己寄生) (図59)。たとえばタマヤドリカタビロコバチ [*Eurytoma brunniventris*] は一次寄生者であると同時に二次，三次寄生者でもある。

　これらの結果として，虫こぶをめぐる食物網は非常に複雑なものになる (図60)。

　Host (寄主)—Parasite (寄生者) の関係がほぼ1対1の関係にあり，特定の寄主にのみ特定の寄生者が見られる場合がある (表9の①，⑦，⑬)。しかし，寄生を選り好みせず，多くの虫こぶ (形成者) に広く寄生するものもある。たとえばクリタマヒメナガコバチ [*Eupelmus urozonus*] (表9の⑮) は多くのタマバチ類に寄生する。しかし，その寄生頻度はいずれのタマバチ類においても高くはない。

図59　ゴールをめぐる寄生連鎖

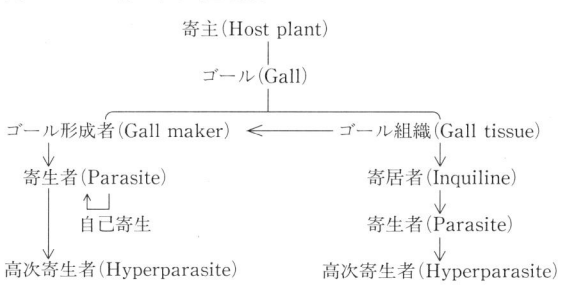

```
                   寄主(Host plant)
                        │
                   ゴール(Gall)
                   ┌────┴────┐
   ゴール形成者(Gall maker) ←── ゴール組織(Gall tissue)
          ↓                           ↓
     寄生者(Parasite)             寄居者(Inquiline)
          │  ↑自己寄生                ↓
          ↓                        寄生者(Parasite)
          ↓                           ↓
   高次寄生者(Hyperparasite)    高次寄生者(Hyperparasite)
```

[→ は有機物の移動方向を示す]

表9 タマバチの虫こぶからの寄生蜂（薄葉, 1981dより）

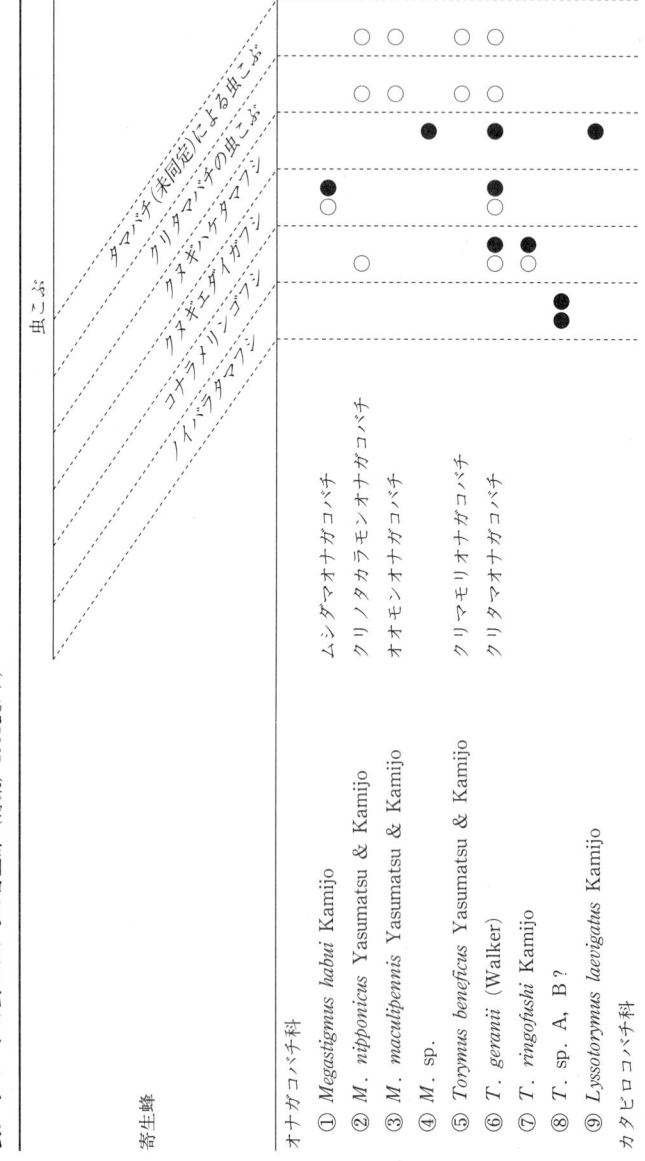

寄生蜂	タマバチ(未同定)による虫こぶ	クリタマバチの虫こぶ	クヌギハケタマフシ	クヌギエダイガフシ	クヌギメリンゴフシ	コナラメリンゴフシ	ナラハラマフシ
オナガコバチ科							
① *Megastigmus habui* Kamijo　ムシダマオナガコバチ	○	○		○	○		
② *M. nipponicus* Yasumatsu & Kamijo　クリノタマカラモンオナガコバチ	○	○		○	○		
③ *M. maculipennis* Yasumatsu & Kamijo　オオモンオナガコバチ			●		●		●
④ *M. sp.*	●	○			●	○	
⑤ *Torymus beneficus* Yasumatsu & Kamijo　クリマモリオナガコバチ				○			
⑥ *T. geranii* (Walker)　クリタマオナガコバチ					●	●	
⑦ *T. ringofushi* Kamijo						●	
⑧ *T. sp.* A, B						●	
⑨ *Lyssotorymus laevigatus* Kamijo							
カタビロコバチ科							

第 2 章　虫こぶの生物学　　　105

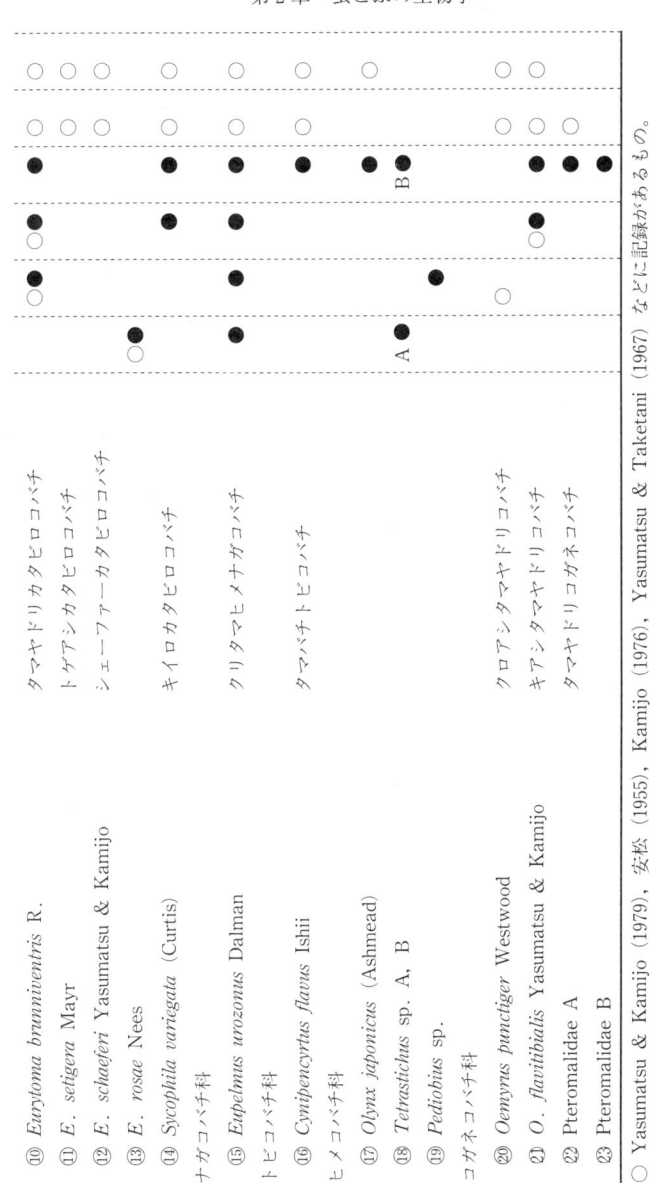

⑩ *Eurytoma brunniventris* R.　タマヤドリカタビロコバチ
⑪ *E. setigera* Mayr　トゲアシカタビロコバチ
⑫ *E. schaeferi* Yasumatsu & Kamijo　シェーファーカタビロコバチ
⑬ *E. rosae* Nees
ナガコバチ科
⑭ *Sycophila variegata* (Curtis)　キイロカタビロコバチ
⑮ *Eupelmus urozonus* Dalman　クリタマヒメナガコバチ
トビコバチ科
⑯ *Cynipencyrtus flavus* Ishii　タマバチトビコバチ
ヒメコバチ科
⑰ *Olynx japonicus* (Ashmead)
⑱ *Tetrastichus* sp. A, B
⑲ *Pediobius* sp.
コガネコバチ科
⑳ *Oemynus punctiger* Westwood　クロフシタマヤドリコバチ
㉑ *O. flavitibialis* Yasumatsu & Kamijo　キアシタマヤドリコバチ
㉒ Pteromalidae A　タマヤドリコガネコバチ
㉓ Pteromalidae B

○ Yasumatsu & Kamijo (1979), 安松 (1955), Kamijo (1976), Yasumatsu & Taketani (1967) などに記録があるもの。
● 埼玉県浦和付近で確認できたもの。

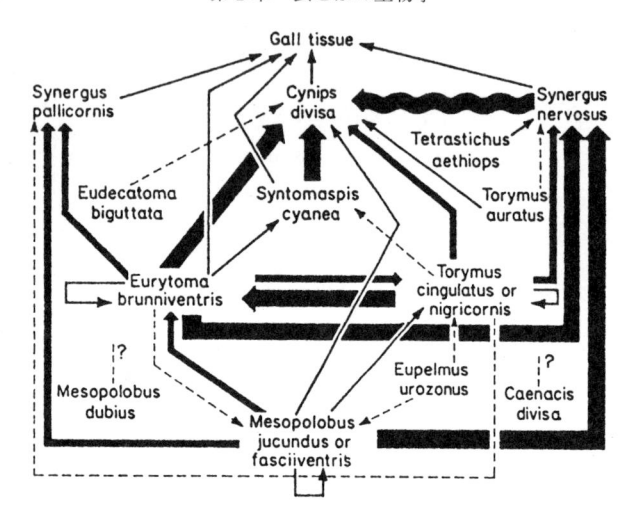

図60 タマバチ類の1種 *Cynips divisa* の虫こぶにおける食物網。直線の矢印の太さは観察されたおよその頻度を示す。破線の矢印はただ1回のみの記録を示している。矢印のない破線は,この食物網の中での寄主がわからないことを示す。波線の矢印は寄居性で,捕食するわけではないが,タマバチを殺すことを示す(Askew, 1961より)。

Caenacis [コガネコバチ類] *Eudecatoma* [カタビロコバチ類]
Eupelmus [ナガコバチ類] *Eurytoma* [カタビロコバチ類]
Mesopolobus [コガネコバチ類] *Synergus* [寄居性のタマバチ類]
Syntomaspis [オナガコバチ類] *Tetrastichus* [ヒメコバチ類]
Torymus [オナガコバチ類]

 Askew (1961) は,ナラ・カシ類のタマバチによる虫こぶに依存する蜂類を次の7つの要素に分けている。

(1) Gall maker——虫こぶをつくり,虫こぶ内の植物組織を食べて育つ。*Andricus* などのタマバチ類。

(2) Inquiline(寄居者)——虫こぶをつくらず,虫こぶ内の組織を食べる。結果として Gall maker を殺すことになる場合が多い。*Synergus* などのタマバチ類。

(3)種特異的寄生者——特定の Gall maker にのみ寄生する。単

食性。

(4)非種特異的寄生者——種々の Gall maker に寄生する。

(5)雑食性寄生者——Gall maker, 寄居者, 他の寄生者, 時には同種の別個体や虫こぶの植物組織を食べる。(例, タマヤドリカタビロコバチなど)

(6)虫こぶ特異的寄生者——特定の虫こぶの中の蜂に寄生する。

(7)虫こぶ非特異的寄生者——不特定の虫こぶの中の蜂に寄生する。

この7要素の中で, (3)と(4)は Gall maker にのみ寄生し, (5)・(6)・(7)は多食性である。

これらの寄生蜂は, 種によって外部寄生か内部寄生かが決まっている。一般に, 外部寄生蜂は寄主が成熟したころに産卵するもの (late attacker) が多い。寄主が小形であれば必要な栄養分が不足する危険を避けるためとされている。産卵管の長いオナガコバチ類の蜂は典型的な late attacker とされ, 虫こぶがほぼ成熟した後に産卵する。

一方, ハラビロクロバチ類は, 卵や若齢幼虫に産卵し, 寄主幼虫が成熟するころに摂食を開始する体内寄生で, 典型的な early attacker とされている。もし, 成熟した寄主の体内に産卵すれば, 寄生者をカプセルに包み込んでこれを殺してしまう働き (encapsulation) が増すので, この働きの弱い卵や若齢幼虫に産卵するとされている。

実は外部寄生と内部寄生との区別は厳密ではなく, 寄主の体内に産卵されても, 孵化した幼虫が脱出して, 寄主の体外から摂食する寄生蜂もいる。そのため, 近年は別の視点からの類別がなされている。それは, 寄生蜂を産卵時に寄主の発育を毒液などで止めたり殺したりしてしまうタイプ (イデオバイオント ideobionts) と, 寄生中でも寄主の発育を許すタイプ (コイノバイオント koinobionts) に分けるやり方である。多くの内部寄生者は

図61 寄生蜂のタイプ

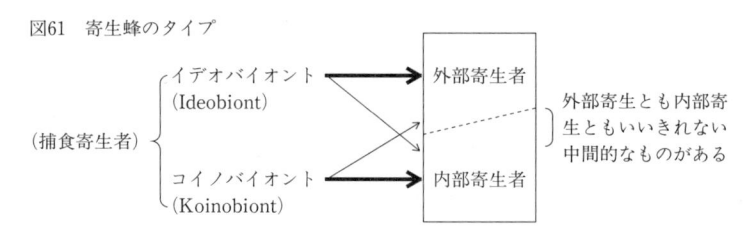

(捕食寄生者) { イデオバイオント (Ideobiont) → 外部寄生者 / コイノバイオント (Koinobiont) → 内部寄生者 }　外部寄生とも内部寄生ともいいきれない中間的なものがある

後者であり，外部寄生者は前者が多い（図61）。

　イデオバイオントは，産卵時に寄主が持っていた資源をそのまま利用する点から考えれば原始的な寄生者といえる。その点，コイノバイオントは，寄主の資源を増加させてから利用するので，より有利な寄生様式を持つといえる。ハバチ類で，虫こぶをつくったり，葉に潜孔するものと，食葉性のものとを比較したところ，閉鎖的空間で生活する前2者でイデオバイオントの割合が大であったという（前藤，1993）。開放的空間で，自由生活をする寄主に外部的に寄生するのはなかなかの大仕事だが，虫こぶ内などの閉鎖的空間ではやりやすいのではとも考えられる。

　虫こぶに関連する Parasite community を，タマバチとタマバエとでくらべてみると，タマバチの方がはるかに複雑である。タマバエの虫こぶの方が一般に小型で肉薄で，短命であることなどの理由で，寄居者の少ないことにもよるのだろう。

　外壁の厚い大型の虫こぶの late attacker となるためには長い産卵管を必要とする。このような意味で，Parasite community の特徴は寄主それ自身より，虫こぶの形態，大きさなどに支配されやすいように思われる。つまり形の似た虫こぶには，似たような寄生者が見られることになる。

　ナラ・カシ類（*Quercus*）の，タマバチによる虫こぶから脱出してくるコバチ類を，属の段階で比較すると，イギリスと日本で共通のものが多いことに気づく（図60；表9）。一部（表9の⑥，⑩，

⑭,⑮,⑳など)はヨーロッパと共通種であり,食物連鎖上の位置も似たものであろう。

　一化性の寄生蜂の多くは,寄主の生活史とうまく同調して生活している。しかし多化性の寄生蜂が年に何世代を,どの寄主を選り好みして繰り返しているかについては不明なことが多い。タマバチの虫こぶからは,だらだらと寄生蜂が羽化してくることがある。しかも,雌蜂はかなり長命なので"いいかげん"というか"可塑的"というか,きっちりしていない生活がかえって雌蜂にとっての危険の分散に役立っているのかもしれない。

　寄生蜂に寄生されることによって,寄主の発育,変態が影響を受けることがある。たとえばヤナギの芽にロゼットゴールをつくるタマバエ(*Rabdophaga* sp.)は,通常冬に成熟するが,ハラビロクロバチの1種に(内部)寄生されると,夏に成熟してしまうという(Yamagishi, 1980)。

寄居者 (Inquiline)

　虫こぶ内には,虫こぶの組織を食べて成育するが,虫こぶ形成者それ自体を直接食べることのない寄居者がしばしば見られる。寄居者は,虫こぶの形成者を食べることはないが,しばしば虫こぶ組織の先取りによる食物の不足,より早く成長することによる圧迫などによって,結果として虫こぶ形成者を死に至らしめるこ

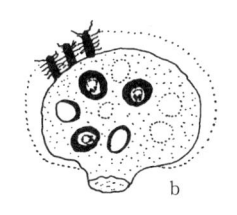

図62　寄居者のついた虫こぶ。a　コナラメイガフシに寄居するタマバチ(各個体は薄膜によって隔てられている),b　クヌギエダイガフシの虫こぶの壁に寄居するタマバチ(周辺の突起は,正常のものでは図示したものの2倍以上は長い)。

表10　タマバチ類の虫こぶの寄居者

寄主	虫こぶ	形成者	寄居者
クヌギ	クヌギエダイガフシ	*Neuroterus*など	*Synergus*
コナラ	コナラメイガフシ	同上	同上
ノイバラ	ノイバラハタマフシ	*Diplolepis*	*Periclistus*

表11　虫こぶ内で同居するアザミウマ

寄主	形成者 (寄居者？)
シイ	シイオナガクダアザミウマ (シイマルクダアザミウマ)
フウトウカズラ	フウトウカズラノクダアザミウマ (フウトウカズラヤドリクダアザミウマ)
ガジュマル	ヨウジュノクダアザミウマ（＊） (？)

（＊）最近都市部で，観葉植物として市販されているガジュマル（榕樹）の新葉を縦に巻く．外国では同居する多くのアザミウマの記録がある（Mani, 1964）。

とがある（図62）。

　寄居者として重要なグループは，タマバチ類，タマバエ類，アザミウマ類，ダニ類などである．虫こぶをつくるタマバチ類に，タマバチが寄居するというような関係が多く，寄居者の起源を考える上で興味深い．

　タマバチ類の寄居者として知られているのは *Synergus* と *Periclistus* の2属で，いずれもタマバチ科のものである（表10）．虫こぶの周辺部を摂食する場合と，中心部を摂食する場合があり，後者の方が虫こぶ形成者へのダメージが大きい．

　アザミウマ類の虫こぶ内に2種のアザミウマが認められることがある（表11）．一方が寄居者と考えられるが，その実態は明らかではない．

　タマバチ類の虫こぶに広く見られるタマヤドリカタビロコバチ［*Eurytoma brunniventris*］は幼齢ではタマバチ幼虫を摂食する

が，成長すると虫こぶの植物組織を摂食するようになるという（Askew, 1971）（図60）。

サクセッソリ（Successori）

虫こぶから，虫こぶ形成者や寄居者などが脱出した後の古い虫こぶの生活者をサクセッソリといい，適当な訳語を知らない。古い虫こぶはかくれ場所，巣，菌類の基質などとして利用されることが多い。樹上で生活するアリ類（シリアゲアリ類，ヒラフシアリ類，オオアリ類など）や地上孔筒を造巣基とする蜂類（ドロバチ類，ヒメベッコウバチ類など）が有力なものである（薄葉，1985）。

古い虫こぶ内に菌類が繁殖すると種々の昆虫（タマバエ類，クロバネキノコバエ類など）が集まってくる。クモ類がシェルターとして利用し，ここに入り込む昆虫を捕らえることもあり，かなり複雑な食物連鎖関係が見られる（図63）。

共生者

虫こぶ，とくにタマバエ類（Asphondyliini, Lasiopterini）によ

図63 ヤブニッケイの菌えいをめぐる昆虫（薄葉，1981d より）

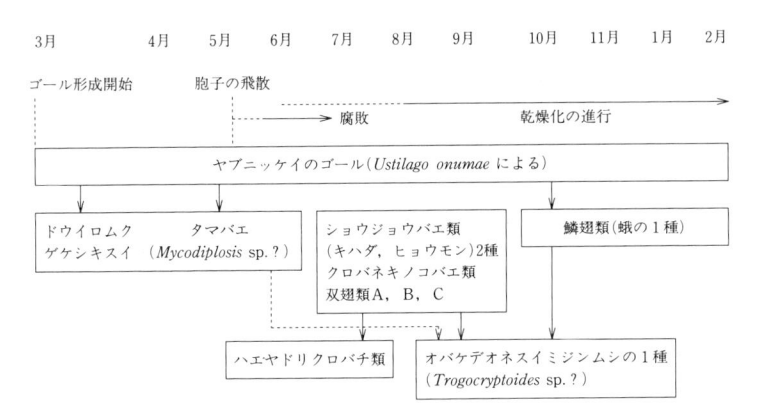

るものの内部に菌糸が見られる場合があり，菌類と虫こぶ形成者の間に共生関係があるとの考えがある。

つまり，菌糸は虫こぶ内で保護されて育ち，タマバエ幼虫は菌糸から栄養を摂取する。また成虫は菌の胞子などを伝播して繁殖を助ける。そしてこのことは，虫こぶをつくるタマバエが食菌性のタマバエから分化してきたことを示すという (Roskam, 1992)。菌糸を含む虫こぶは，とくにアンブロシア・ゴール Ambrosia gall と呼ばれることがある。Ambrosia とは神の (美味なる) 食物という意味である。

銹菌類によるゴール (菌えい) の胞子堆を観察していると，タマバエ類の幼虫が見られることがある。食菌性のものと考えられるが，胞子を食べると同時に胞子の伝播に役立つとすれば共生関係ともいえる (平塚，1955など)。

イチジク類とイチジクコバチ類の花粉媒介 (Caprification) も虫こぶをめぐる共生関係の例である (49頁参照)。

虫こぶを広く解釈すれば，マメ科植物の根粒なども共生の例となる。マメ科植物のつくれないニトロゲナーゼを根粒菌 [*Rhizobium*] がつくり出し，N_2の還元に必要なH化合物やATPをマメ科植物が負担する。生じたN化合物を根粒菌から受け取ったマメ科植物は，N_2固定反応に必要なニトロゲナーゼを守るために嫌気状態の根粒をつくる。この際，酸素の侵入を防ぐバリアとしてレグヘモグロビンが働いている。ところがレグヘモグロビンの色素部分の遺伝情報は根粒菌から，タンパク質部分のそれはマメ科植物から提供されるというから驚く。根粒菌とマメ科植物のきずなの強さには全く恐れいる。

根粒菌自体もオーキシンなどを分泌しているが，根粒菌の接触により寄主組織のサイトカイニンの生産量が増加することが確かめられている (庄野，1976)。これらの事実は一般の虫こぶ形成の仕組を考えるうえでも興味深い。

10. 虫こぶの害

　農作物，果樹，材木などに虫こぶがつくと，寄主の方は何らかの害を受ける。そのため，害虫とされるほどの害を与えるものがかなりある。タマバエ類では，ダイズサヤタマバエ，ミカンツボミタマバエ，マツバノタマバエ，スギタマバエ，スギザイノタマバエなどがあげられる。先年韓国で聞いたところでは，現在問題となっている三大害虫の一つに，マツバノタマバエがあげられていた。また，高校の生物の教科書に，かつてはよく登場していた幼生生殖をするタマバエ（*Mycophila* sp.）が九州に出現し，栽培キノコ類に害を与えたが（湯川，1986），現在は"消えて"しまったようである。ただし，このタマバエは虫こぶをつくらない。

　クリタマバチをはじめ，タマバチ類もナラ・カシ類に害を与えるものがある。クヌギエダイガフシが，小枝に密集して，樹形が変わってしまうほどの害を与えることがある。

　アブラムシ類，キジラミ類にも，葉を縮らせたりして美観を害し，害虫扱いをされるものが少なくない。

　ここでは，歴史的に有名なものとして，ヘシアンフライ（Hessian fly）とフィロキセラ（Phylloxera）をとりあげてみたい。

ヘシアンフライ

　ヘシアンフライ［*Mayetiola destructor*］は，ハエというよりは蚊のようなタマバエの1種で，北アメリカのコムギに大害を与えた。

　春に羽化した成虫は，コムギに産卵する。孵った幼虫は葉鞘と茎の間に入り込み，茎の一部を肥大させる。穂が出ても，虫こぶ付近で折れてしまうことが多く，実らない。虫こぶから秋に羽化した成虫は，コムギの幼苗に産卵し，孵った幼虫は，これをも食

害して枯らしてしまう。主に蛹の状態で越冬し，春に羽化する（Cagné, 1989など）。

このタマバエによる被害は甚大で，その損失量はカンザス州だけでも2000万ブッシェル（1924年）から4000万ブッシェル（1925年）に達したという（石井，1974）。ちなみに1ブッシェルは約35ℓに相当する。

もともとこのタマバエはヨーロッパ原産で，アメリカには独立戦争（1775-83）をきっかけにもたらされたという。当時，ドイツ南西部のHesse（ドイツ語ではHessen）からの傭兵のわらぶとん中の麦わら，軍馬用干草とともにやってきたとされ，これがヘシアンフライの名の由来である。

その後アメリカばかりでなく，北アフリカ，ニュージーランドなど各地で被害が報告され，日本でも昭和9年(1934)，神戸港でドイツからの機械を梱包したわらの中から発見されている。戦後競馬用の干草ととともに，日本に上陸することを恐れ，干草を輸入禁止にしたことがあるが，今ではアメリカ側が完全に殺虫処理することで，許可されているようである。

アメリカでは，秋なるべく遅くコムギの種を蒔き，第2化の成虫が産卵する機会を少なくすることと，抵抗性品種を育成することによって，このタマバエの被害を軽減することに成功している。この対策は，いずれも，殺虫剤を用いずに被害を軽減するということで画期的なものといえよう。

フィロキセラ（ブドウネアブラムシ）

栽培されているブドウの原産地はコーカサスとアメリカ北東部とされている。これらの中心地から生食用，干しぶどうやワインの原料として，用途に応じて各地に移出された。そして，それぞれの地で野生種と交配されたり，他の中心地からのものと交配されて品種改良が続けられた。

日本でも，夏に雨の少ない甲府盆地を中心にして，古くから甲州ブドウが栽培されていた。その由来については,行基による（718年，養老2年）とか，雨宮勘解由（1186年，文治2年）によるとかの説がある。しかし，甲州ブドウはいろいろな点から，ヤマブドウとの直接の関係はなく，コーカサス系のブドウに由来すると考えられている。中国でも，ブドウは西域からの外来種である。とすれば，いわばシルクロードを逆にたどる方向で，日本に渡来したことになる。

　実は，渡り合うのはブドウの果実や苗木ばかりでなく，それとともにカビや虫こぶをつくる虫まで移動しているのである。

　ブドウの大害虫フィロキセラ（*Phylloxera vastatrix*―現在は学名が変更され *Viteus vitifolii* とされる）は，もともとアメリカ東部の野生のブドウに寄生していたアブラムシである。このアブラムシが栽培種（アメリカ系）に寄生し，苗木とともに1860年ごろフランスに運ばれた。

　このアブラムシは，葉と根に虫こぶをつくり，単性生殖的に（胎生することなく）卵を産み，複雑な生活史を送る。

　春に孵った幼虫は葉に虫こぶをつくり，数世代を繰り返し（葉生型），その一部の幼虫は根に移動して虫こぶをつくる（根生型）。数世代を繰り返した後，秋に有翅の成虫が地上に出て，雌，雄になる卵を産む。雌雄が交尾し，1卵を枝に産みつける。越冬後，この卵が孵って葉に虫こぶをつくる。

　葉で虫こぶをつくる段階（葉生型）では比較的退治しやすいが，根に虫こぶをつくっている段階（根生型）では退治がむずかしい。またヨーロッパ系のブドウにつくと，根生型だけで単性生殖を続けるという（Meyer, 1987）。

　ということで，フィロキセラはフランスという新天地でまたたく間に分布を拡大し，10年足らずのうちにフランスのブドウ園の3分の1を荒廃に追い込み，ドイツをはじめヨーロッパ諸国を恐

れさせた。

　この事態を重視したフランスは，アメリカの昆虫学者ライリー（C. V. Riley）を招いて（1871年，明治4年）対応の方法を研究させた。その結果，アメリカの野生ブドウがフィロキセラに対し，抵抗性を持っていることに着目し，これを台木として，これに品質優良なヨーロッパ系のブドウを接木することにより，防除に成功した。一度接木をすれば，フィロキセラに対する抵抗性は"一生"続くので，この防除手段は画期的なものであった。

　こうしてフィロキセラのために，激減したフランスのブドウ酒生産量は1880年ごろから上向きになっていった。これで問題解決かと思われたが，また別の問題が生じた。フランスに送られたアメリカ産の野生ブドウや，アメリカ系のブドウとともに，ブドウベト病菌［*Plasmopara viticola*］が侵入してしまったからである。このカビは葉を落葉させるので，いったん上向きになったワイン生産量は1884年から再び下向きになってしまったという。ここで救世主としてボルドー液が"偶然"に発見され，フランスのみならず世界のワイン愛好者を救うというわけである。

　年配の方なら手押し・肩かけ式の噴霧器でスプレーされる青白い液を覚えておられるのではないだろうか。あの液がボルドー液（硫酸銅と石灰の混合液）で，各種のカビ類の防除剤として今でも現役の"すぐれもの"なのである。ブドウの盗難よけのため，毒々しい青色の硫酸銅液をふりかけておいたら，これがたまたまベト病の発生を防ぐ効果もあることがわかったという有名な話である。

　人間の営みが害虫を招き，あるいは害虫でなかったものを害虫にさせてしまったようにも思える。昨今の農薬―抵抗性の出現という問題の19世紀版のようだ。

　さて，この一連の騒動は日本にも無縁ではなかった。前述のように甲州ブドウはコーカサス系なので，フィロキセラやベト病に

対して抵抗性がない。フィロキセラは明治18年（1885）に日本に侵入した記録がある。そのため，現在のブドウは甲州ブドウをはじめ，フィロキセラ抵抗性品種に接木して栽培されている。しかし，接木の手間ひまを惜しみ，非抵抗品種の安易な導入などで，突然の"復活劇"が起こるような気がしてならない。

11. "移動"する虫こぶ

　虫こぶをつくる虫が，何らかの手段によって原産地を離れ，新天地で増えることがある。また，新天地にやってきた植物に，在来の虫がとりついて虫こぶをつくることがある。

　寄主植物と虫こぶ形成昆虫は強い関連を持っている。その昆虫が本来の分布地域から急速に分布を拡大することがある。

　その分布拡大の方法には，①自力による飛行，②寄主植物とともに移動，③人間の営みによる虫こぶの移動(120頁参照)，などが考えられる。②には自然の場合と，人間の営みが関係する場合があろう。そして人間がかかわる場合は，卵と幼虫が寄主となる植物体内にあっても，虫こぶとして目立たぬ時期があるので，一般の草食昆虫の移入の場合よりも，運ばれるチャンスは多いだろう。

クリタマバチ

　どちらかといえば害虫の少ないクリに，第二次世界大戦後に忽然として大害虫が現われた。クリの新芽が異様だが美しくふくらみ，果実の収量を減らし，時には木を枯らしてしまう。初めてその存在が指摘されたのは昭和16年(1941)，岡山県からであり，農事試験場の前田浅三技師による。この害虫がクリタマバチで，後に新種として認められ (*Dryocosmus kuriphilus* Yasumatsu)，1950年代にはほぼ本州，四国，九州に分布を広げた。

　クリタマバチはクリの新芽を異常に肥大させて虫こぶとし，7

図64　クリタマバチの虫こぶ。

月に成虫が羽化してくる。この成虫は全て雌で，すでに用意されている来年の芽に1雌あたり200-300個産卵する（図64）。

　1965年には北海道に出現し，韓国には1961年，そして1974年にはアメリカのジョージア州にと日本国外にも発生が報じられるに至った。

　クリタマバチの，突然の日本出現については，中国から帰国する日本兵がクリ（シナグリ）の苗か接穂を持ち帰り，その越冬芽に幼虫が潜んでいたのではという説が有力である。しかし，日露戦争（1904-05）当時，岡山県下でクリに"勝栗"がついたという記録があり，この勝栗が虫こぶだったのではとの説もある。

　いずれにせよ，中国原産説の弱点は中国にクリタマバチ，虫こぶの記録がないことであったが，ようやく中国にもその存在が確認されるに至った（於保・梅谷，1975）。

　栽培クリでは，クリタマバチに対する抵抗性品種への切り換えが進むとともに，日本産の寄生蜂の利用などで，一時ほどの被害は認められなくなった。

　日本のクリにはクリタマバチ以外の虫こぶ［注6］はつかない。

日本に新しく出現したクリタマバチに寄生する寄生蜂は5種（1965年），12種（1979年），15種（1980年）と増加している（Askew, 1984）。これは調査の密度や精度の増加のためもあろうが，本来クヌギ・ナラ類のタマバチ類による虫こぶの寄生蜂が寄主を転換してきたことによるのだろう（表9）。その寄生率も28%（1964年）から49%（1975年）と増加している（Askew, 1984）。

こうして一応小康状態を保つかに思われたクリタマバチによる被害が，1960年代から再び目立ってきた。抵抗性品種にも虫こぶができてきたのである。これはクリタマバチの方に抵抗力のある系統が生じたためと考えられている。このことの対策として，中国でのクリタマバチの寄生蜂，チュウゴクオナガコバチの導入が試みられている。この蜂は，シナグリにクリタマバチの虫こぶ着生率が少ないのは，有力な寄生蜂が存在するためではないかとして探索され，得られたものである。イギリスで調べられたタマバチの虫こぶをめぐる複雑な食物連鎖関係（図60）を眺めていると，ただ1種のオナガコバチ類を新しく加えたところで，果たしてクリタマバチは減るのだろうかとの疑問もある。しかし，クリタマバチの虫こぶには寄居者が知られておらず，その意味では食物網が単純であり，案外"効く"かも知れない。果たしてどうなるやら推移を見守っていきたい。

美しくも見えるクリタマバチの虫こぶを眺めていると，多くの寄生蜂を誘うべく目立たせている，クリの精一杯の抵抗を感じてしまう。事実，この時期に寄生蜂がどっと集まってくるのである。

イギリスでのタマバチの分布拡大

ヨーロッパでは *Andricus* に属するタマバチの6種類が，オウシュウナラ（English oak, *Quercus robur*）上に単性世代の虫こぶ，トルコナラ（Turkey oak, *Q. cerris*）上で両性世代の虫こぶをつくる。つまり，2種類のナラ・カシ類が共存する地域で，世

代ごとに寄主を変え虫こぶをつくって生活していることになる。

この仲間のタマバチは本来イギリスには分布していなかったと考えられている。なぜならイギリスには，トルコナラの方が分布していなかったためである。ところが，1735年以来ヨーロッパのいずれかから，トルコナラが観賞用として庭園などに移植されるようになった。こうして前述のタマバチがイギリスで生活を完了できる，いわば"下地"ができたわけである。

このような状況のもとに，6種類中の4種がイギリスに出現し，現在分布域を広げつつあるという(Sunnucks et al., 1994)。恐らく，4種中の3種は，有性世代を宿したトルコナラの導入とともに，イギリスに上陸したと考えられる。

4種中の残りの1種は最も古く，1830年代からイギリスに知られるようになった *Andricus kollari* である。古い分布地域などから，インク製造，染料，皮なめし用に虫こぶ自体が輸入されたことに関係があるとされている(Darlington, 1975)。この蜂の単性世代虫こぶは直径2.5cm，球形でタンニン含有量も17%に達する。恐らく輸入された虫こぶから脱出した単性世代雌がうまくトルコナラ上に両性世代虫こぶをつくることに成功して定着したものであろう。あるいは積極的に生きている蜂を含む虫こぶを輸入し，蜂を脱出させたのかもしれない。いずれにせよ当時はトルコナラの必要性は認識されてなかっただろうから，かなりの偶然に支えられての結果であろう。しかし，定着後の分布拡大の過程はクリタマバチでの例のように急激であったようだ。そのことは，19世紀中ごろ，ブタの餌になるナラ・カシ類のどんぐりの生産が，このタマバチの急激な分布拡大で低下することを心配する新聞記事がある(Darlington, 1975)ことからも推定される。

日本の帰化植物の虫こぶ

ヒメジョオンやブタクサなどの自然帰化植物の多くは種子の段

階で日本に渡来し，定着したものと思われる。種子中に潜んで，その植物を寄主とする虫こぶ形成昆虫がやってくる可能性は少ない。とすれば帰化植物には虫こぶが少ないと考えられる。

また，根や地下茎とともに，虫もやってくる確率の高い，逸出帰化植物でも，それに虫こぶが見られることは少ない。たとえばセイタカアワダチソウ類は北アメリカに多く，タマバエ類，ミバエ類，キバガ類，タマバチ類？などによる多種類の虫こぶが記録されている(Meyer, 1987など)。しかし，日本に帰化したものからは，まだ虫こぶを見つけていない。

今までのところ，帰化植物で虫こぶを得たのはアメリカネナシカズラのゾウムシによるものと，ブタクサの蛾による虫こぶだけである。

アメリカネナシカズラは，マメダオシに似た寄生植物で1970年ごろから海岸や川原に目立つようになった。遠目にはインスタントラーメンを草むらにぶちまいたように見えるつる状の茎の，ところどころに大豆粒ほどの虫こぶが見られる（図65）。この虫こぶから小型のゾウムシが脱出してくる。種子が，飼料の大豆や緑化

図65 アメリカネナシカズラにつくられたゾウムシによる虫こぶ。

用の種子に混じって侵入したと考えられるが，ゾウムシを伴っての侵入とは考えにくい。とすれば近縁のマメダオシやネナシカズラに虫こぶをつくっていたと思われるゾウムシが，新参のアメリカネナシカズラにとりついたにちがいない。ということで，マメダオシやハマネナシカズラを調べようとしたが，植物自体がいつの間にか少なくなってしまい，果たせないでいた。それではということでネナシカズラに狙いをつけ，"日米"の両者が見られる新潟県柏崎市荒崎海岸［注7］を訪れた。"アメリカ"の虫こぶからはゾウムシを羽化させることができたが，"日本"のネナシカズラに虫こぶがあるかどうかは確認できなかった。しかし，その花蕾，果実，茎の集まりからはゾウムシの幼虫が脱出してきた。しかし，羽化させることに失敗し，"日米"からのゾウムシが同種であるか否かを確認できないでいる。

　また，栃木県小山市でマメダオシがインベーダー的に増え，シバザクラなどに害を与えており，それに虫こぶがついているとの情報でかけつけてみたがすでに消えていた。付近に新しい工場や新設の道路や宅地造成地が多く，イネ科植物にまで寄生していたということなので，これもどうやらアメリカネナシカズラらしく思われる。

　後になって，アメリカネナシカズラからのゾウムシは，マダラケシツブゾウ［*Smycronyx madaranus*］ではないかとの連絡をゾウムシを調べておられる野津裕氏からいただいた。そして，"ネナシカズラ類"に虫こぶをつくることが知られているという。もし，そうならば"ネナシカズラ類"がどんな種での記録なのかよくわからないが［注8］，在来種から帰化種への乗り換えが起こったことは，まず確かであろう。

　一方，ブタクサの方は明治の初めに侵入したが広く定着したのは昭和に入ってからとされている。このブタクサの茎に喰い入り，その壁を膨大させる蛾の幼虫がいる（図66）。埼玉県浦和市付近に

第2章　虫こぶの生物学

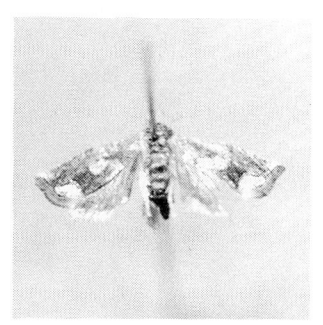

図66　ブタクサにつくられたスギヒメハマキ（右）による虫こぶ。

は普通に見られ，蛹は虫こぶから半身を乗り出すようにし，ここから成虫が羽化してくる。長い間同定できないでいたが，秩父でのある研修会で川辺湛氏を紹介していただき，写真と標本を送って同定をお願いした。折り返し，この蛾はスギヒメハマキ [*Epiblema sugii* Kawabe] であり，ブタクサに虫こぶをつくるとのご返事をいただいた。何とも偶然なことに，この蛾を新種として記載した方に，それと知らずに同定を依頼したわけである。

その後，ヨモギ類などキク科植物の虫こぶから，スギヒメハマキが脱出してこないかと調べ続けている。しかし，ヨモギの，よく似た形の虫こぶからはヨモギシロフシガが脱出してくるが，ス

ギヒメハマキは羽化してこない。

　という次第で，スギヒメハマキの方は，在来種から帰化種に乗り換えて虫こぶをつくったことを，今のところ証明できないでいる。

　［注1］ここでのゴールの定義は，形成者を昆虫に限定すれば，そのまま虫こぶの定義となる。以後，単に"ゴール"と言った場合は，"虫こぶ"に限定されない広義のものとする。［→72頁］
　［注2］同種のタマバチが異なる寄主に虫こぶをつくることがあるので，タマバチに着目すれば67種になるという。［→85頁］
　［注3］細胞壁がなく，直径は125-250nmの小粒子を菌体内に持つ。この粒子は細菌濾過器を通過し，増殖の基本となる。［→89頁］
　［注4］ササラダニ類 Oribatidae の1種がシャジクモの節部の細胞を異常肥大させるというが(林，1957)，詳細は明らかでない。［→90頁］
　［注5］たとえば『原色樹木病害虫図鑑』(保育社，1977)。［→96頁］
　［注6］葉につくフシダニと，雄花につくタマバエの虫こぶ。矢野(1964)の報告したタマバチの虫こぶは，タマバエによるものと思われる（薄葉，1981b)。［→118頁］
　［注7］この新潟県柏崎市荒崎海岸のことを知ったのは，新潟大学の古橋勝久先生の御教示によるものである。［→122頁］
　［注8］その後森本桂先生から，マダラケシツブゾウの同定結果とともに，マメダオシとハマネナシカズラを寄主とするとのお便りをいただいた（1974年2月)。［→122頁］

第3章

虫こぶ観察ノートから

　この章では，ふとしたきっかけで入り込み，だんだんと深みにはまってしまった虫こぶとのつきあいの一部を，多くの先達の教えに導かれながら述べてみたい。どれもこれも中途半端に終わっており，恥じ入る次第ではある。ともあれ楽しみながらやっているということであれば，このあたりが限界かなとも思うが……。採集したり，割ってみたりした虫こぶに，それなりの"死に場所"というか"生き場所"を与えてやりたいという気持だけは持ち続けたつもりである。いささか私事にわたることもあるだろうが，お許しをいただきたい。ちょっとした"情報"にも，すぐにコメントをお寄せ下さり，励まして下さった先達の方々に御礼を申し上げる次第である。

1. カイガラキジラミ

　埼玉県の浦和や川口付近には赤土の台地と低地との間に小規模の貝塚があったり，照葉樹と落葉樹の混在する斜面林が残っている。斜面をうまく利用すると，かなり高い位置の葉や花を調べることができる。
　このあたりのエノキの葉には，タマバエ (*Celticecis japonica*)

によるエノキハトガリツノフシやフシダニによる虫こぶが見られる。

1977年の6-7月に、エノキの葉表に、黄緑色の傘型の虫こぶを見つけた。その葉裏側には白色の貝殻状の分泌物があり、その間に赤い眼のキジラミの幼虫がいた。キジラミ幼虫は、虫こぶの下面に上向きに位置し、その背面は貝殻状の分泌物でふたをされることになる（図67）。

このように、分泌物によってはっきりした構造を持つ被覆物をつくって、それで幼虫体を保護して生活するキジラミは、オーストラリアに多く見られる（36頁参照）。このような被覆物は一般にlerpと呼ばれるが、これはアボリジニー（オーストラリア先住民）の言葉（"laap"）からきているという。

羽化させた成虫を調べたところ、エノキカイガラキジラミ [*Pachypsylla japonica* Miyatake] に近いことがわかった。しか

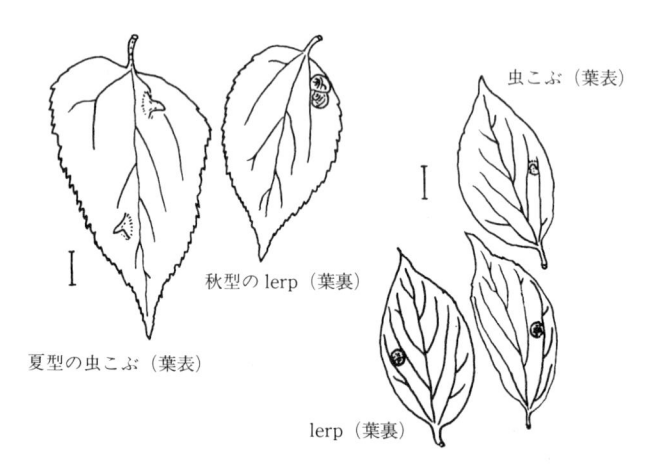

図67 エノキ類につくられる虫こぶやlerp。左はエノキカイガラキジラミ（夏型と秋型）によるもので、葉はエゾエノキ。右はクロオビカイガラキジラミによるもので、葉はエノキ。スケールは1cm。

表12　エノキカイガラキジラミとクロオビカイガラキジラミの比較

	エノキカイガラキジラミ [*Celtisaspis japonica* (Miyatake)]	クロオビカイガラキジラミ [*C. usubai* (Miyatake)]
食樹	エノキ，エゾエノキ	エノキ
ゴール	夏型の幼虫のみゴールをつくり，秋型のものはつくらない。葉表に向かって隆起し，角状の突起（3-4mm）を持つ。	直径2.5-3.5mm。笠状で頂部はあまり突出しない（1-2mm）。
Lerp	長径5-6mm，短径4-5mm。夏型のものは同心的なもの，秋型のものは偏心的なものが多い。	直径2.5-3.5mmで，より小型。偏心的なものが多い。
発生時期	夏型（6-7月），秋型（10月）	7月
成虫	夏型 　前翅長　雄：3.4-3.6mm 　　　　　雌：4.0-4.3mm 秋型　夏型よりやや大型。 　前翅長　雄：3.6-4 mm 　　　　　雌：4.1-4.5mm 　翅の色に　雌雄差がある。 　　　　雄：夏型的で，ほぼ一様な暗褐色。 　　　　雌：透明部分がある。	前翅長はより小型 　雄：3.2-3.5mm 　雌：4.0-4.3mm 前翅に黒色の帯状斑紋がある。RSが少し短い。M_{1+2}が翅端部で終わる。
分布（*1）	●長野・大阪・福岡・（上海（*2）） 　　　　　　　　　　（Miyatake, 1968） ●岡山・元教山（*3）（門前, 1932）（*4） ●奈良・兵庫・鳥取・島根・慶州（*3） 　　　　　　　　　　（Miyatake, 1980） ●山梨・栃木（薄葉, 1989） ●水原（*3）（薄葉，未発表）	●茨城・東京・埼玉・千葉・三重（*5）（Miyatake, 1980） ●京都 　（Takagi & Miyatake, 1993） ●和歌山（薄葉，未発表）

(*1) 上から順に分布の判明順に掲げた。
(*2) Yang & Li によれば，*C. zhejiangana* であるという。
(*3) 朝鮮半島の地名。
(*4) 128頁参照。
(*5) 虫こぶの形態からクロオビカイガラキジラミと推定した(129頁参照)。

し，虫こぶの形が異なる。エノキカイガラキジラミの虫こぶは先端が角状に突出するのに対し，浦和でのものは突出せず，大きさも小さい（表12）。成虫の前翅の透明部が発達し，黒い帯が目立

つ。とりあえず浦和型とし、この型の虫こぶは八王子(東京都)や天津小湊(房総半島)にも見られることがわかった(薄葉,1979a)。

一方、古い記録を調べたところ、門前(1932)がフクロツノフシとしているものは、若干の疑問となる記述を含むが、エノキカイガラキジラミの虫こぶと考えられた。これが正しいとするとエノキカイガラキジラミは、朝鮮半島(元教山)にも分布していることになる(薄葉、1979a)。

大谷場(浦和市)や木曽呂(川口市)での材料をもとにして、浦和型のキジラミは、エノキカイガラキジラミ [*Pachypsylla japonica*] とは近縁の別種、クロオビカイガラキジラミ [*Pachypsylla usubai* Miyatake] として記載された(Miyatake, 1980)。本種の基産地は浦和市大谷場で、筆者の当時の住まいから200mほどの所である。このころまでの調査で、クロオビカイガラキジラミの方は1年1世代で、エノキカイガラキジラミのように2世代を繰り返さないことがわかってきた。つまり、エノキカイガラキジラミには夏型と秋型があり、秋型は虫こぶをつくらない。これに対しクロオビカイガラキジラミは虫こぶをつくる夏型だけで秋型が見られないということである(表12)。

こうしてカイガラキジラミ類は、日本に2種いることが明らかになった。そして、エノキを幼虫が食樹とする、形態的に近縁のものであるのに、生活史に大きな違いがあることがわかってきた。1980年段階では、両種の分布が重なっていなかったので、生活史の分化が2種の分化を引き起こしたのではと考えられた(Miyatake, 1980)。日本では、より西の方に、年2化でその秋型がクロオビカイガラキジラミに似ている(とくに雌)エノキカイガラキジラミが分布し、より東(北?)に年1化になった(?)クロオビカイガラキジラミが分布しているという筋書きである。

ところが分布などの情報がだんだん集まってくると、この考え

第3章 虫こぶ観察ノートから　　　　　　　　　　　　129

○ クロオビカイガラキジラミ
● エノキカイガラキジラミ

図68　カイガラキジラミ類2種の日本における分布（Miyatake, 1980に加筆作図）。

方も怪しくなってきた。その一つは，エノキカイガラキジラミの分布がもっと北に広がっているのではと考えられるようになったことである。それは，エノキよりもっと北方に分布するエゾエノキにエノキカイガラキジラミがつくことがわかったことによる（栃木県の大田原市での観察—1989年8月12日，1990年10月30日；薄葉1989，など）。もちろん年2化で，秋型は虫こぶをつくらない。

　他の一つは，クロオビカイガラキジラミが近畿地方に分布し，エノキカイガラキジラミと分布を接していることがわかってきたからである。和歌山県の新宮（lerp—1991年7月30日薄葉観察）や京都（Takagi & Miyatake, 1993）からクロオビカイガラキジラミが発見され，宮武（1980）が疑問視していたように桑名（三重県）のものもクロオビカイガラキジラミであろう（図68）。

　こうなると，エノキカイガラキジラミの東や北の集団からクロオビカイガラキジラミが分化したなどとは，とても簡単には言えなくなる。中国からは，すでに上海産のカイガラキジラミ類の虫こぶ，幼虫が報告されている（Boselli, 1929；Miyatake, 1968）。

朝鮮半島，そして中国と，もっと広く調べてみる必要がある。それでは朝鮮半島や中国でのカイガラキジラミ類の分布はどうなっているのだろうか。

1990年8月，AABE（アジア生物学教育協議会）の会議がソウルでおこなわれ，会議終了後，南へ30kmほどの所にある水原（スウォン）に足を延ばした。会期中，会場付近でずっとエノキを探したが，カイガラキジラミは見つからず，明日は日本に帰るという日の午後，やっとめぐり会えた。水原近郊の韓国民俗村のエノキの葉に角状の古い夏型の虫こぶと，秋型の1齢−2齢幼虫のlerpがびっしりとついていた。すでに慶州北道の慶州（キョンジュ）からの記録もあるが（Miyatake, 1980），門前（1932）の"フクロツノフシ"は予想通りエノキカイガラキジラミの虫こぶであると思った。しかし，厳密には元教山，水原，慶州の記録は虫こぶ，lerp，幼虫によるもので成虫のものではない。水原のものの成虫の採集を禹建錫教授（ソウル国立大学）にお願いしたが，まだ得られていないという。

それでは中国ではどうだろうか。エノキカイガラキジラミは"いくらかのためらい"を残しながらパキプシラ属 *Pachypsylla* に含まれるとして発表された（宮武，1968）。北アメリカの *Pachypsylla*（6種）は虫こぶをつくるが，lerpをつくらない。虫こぶも，単に葉が袋状にふくれるという簡単なものでなく，かなり複雑なものもあるように思われる（図69）。この点などに着目してYang & Li（1982）は，中国でのカイガラキジラミ類5新種と日本の2種（エノキカイガラキジラミとクロオビカイガラキジラミ）を *Celtisaspis*（学名は，エノキの属名 *Celtis* と，楯，転じてlerpを意味する aspis にちなむ）という新属にまとめた。この考えを妥当なものとして受け入れれば，これ以後エノキカイガラキジラミの学名は *Celtisaspis japonica* (Miyatake) [注1]，クロオビカイガラキジラミは *Celtisaspis usubai* (Miyatake) [注1] となる。

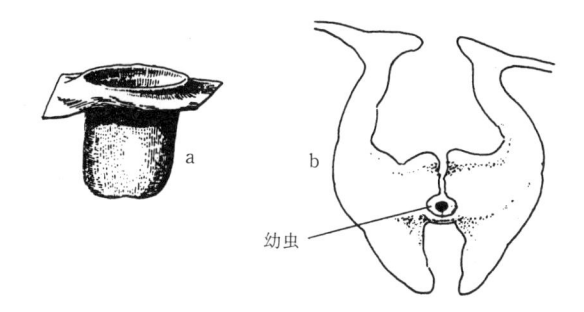

図69 北アメリカ産の *Pachypsylla mamma* の虫こぶ(葉の裏面側に突出)。a 虫こぶ(Wells, 1916 より)，b 断面(Lewis & Walton, 1964 より)。

中国のカイガラキジラミ類5種と日本の2種を図の上で比べてみると，お互いがよく似ていることに気づく(図70)。とくに北京カイガラキジラミ(図70E)の前翅の黒帯は，濃淡の差はあれ，クロオビカイガラキジラミのそれにそっくりである。額の模様も区別しがたいほどよく似ている。ただし，北京カイガラキジラミは虫こぶをつくらないという。虫こぶの形からは遼寧カイガラキジラミ(表13D)がクロオビカイガラキジラミに似ている。また，日本のエノキカイガラキジラミ(夏型)の虫こぶは，貴州カイガラキジラミ(図70B)や浙江カイガラキジラミ(図70C)と虫こぶの形の上では似ている。

比較表(表13)を見て最も特徴的なのは，日本のエノキカイガラキジラミである。年2回発生で，夏型の幼虫は虫こぶをつくり，秋型のそれはつくらないというのは，他に例がない。秋型の幼虫が虫こぶを形成できない(しない？)のは，エノキの葉の組織の，刺激物質に対する反応性が夏の終わりには低下してしまうためだろうか。

キジラミ類では虫こぶも，lerp も乾燥に対する適応的な意義があるとされることが多い。虫こぶをつくるものとつくらないも

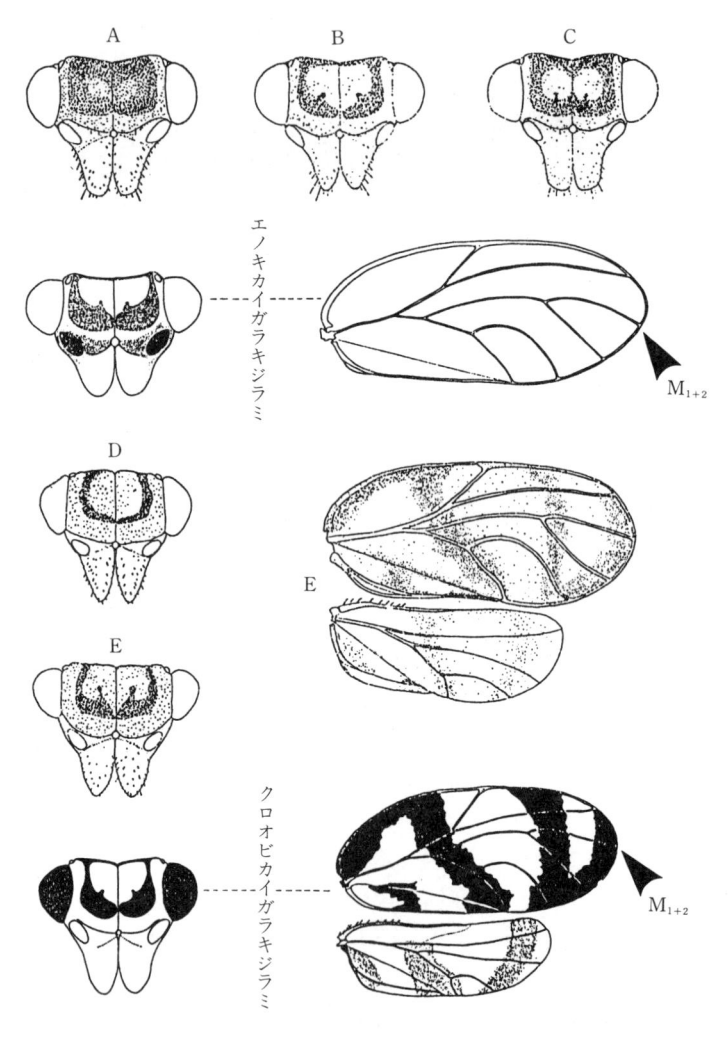

図70 中国および日本産のカイガラキジラミ類の頭頂部と翅の比較。A-E は表13 を参照。(Miyatake, 1968 ; 1980 : Yang & Li, 1982 より集成略写)

第3章　虫こぶ観察ノートから

表13　カイガラキジラミ類の比較分類表（A–E：中国産種）

	種名（中国名）	lerp	虫こぶ	分布
●	エノキカイガラキジラミ群（翅脈M_{1+2}は翅端部より後方で終わる）			
A	*Celtisaspis sinica* Yang & Li（中華朴盾木虱）	白色/かき殻状 ふくれる	つくらない	貴州省
B	*C. guizhouana* Yang & Li（貴州朴盾木虱）	白色/不規則円形	角状 高さ6–15mm	貴州省
C	*C. zhejiangana* Yang & Li（浙江朴盾木虱）	白色/不規則円形	角状	浙江省
	C. japonica (Miyatake)（日本朴盾木虱）(*1)	白色（夏型）：同心的 秋型：偏心的	夏型は角状 秋型はつくらない	関東・甲信・近畿・中国・福岡 朝鮮半島
●	クロオビカイガラキジラミ群（翅脈M_{1+2}は翅端部で終わる）			
D	*C. liaoningana* Yang & Li（遼寧朴盾木虱）	紫褐色/不規則円形	錐突状 高さ2mm	遼寧省
E	*C. beijingana* Yang & Li（北京朴盾木虱）	白色/カラスガイ状卵円形 ふくれる	つくらない	北京
	C. usubai (Miyatake)（日常朴盾木虱）(*2)	白色/偏心	笠状 高さ1–2mm	関東・近畿

（*1）エノキカイガラキジラミ
（*2）クロオビカイガラキジラミ

のとで，どちらが特殊化しているのか，それの程度が形態的な特殊化とパラレルになっているのかいないのか筆者にはわからない。いずれにせよ中国―朝鮮半島―日本と，広範囲にわたって分布や変異を調べないと，類縁の程度や種の分化を推定できないと思われる。

　実は Yang & Li（1982）の論文は中国語で書かれており，見たこともない簡体字が使われている。英文のサマリーと首っ引きで，簡体字のもとになった漢字を推定するのは楽しく，"ターヘル・アナトミア（解体新書）"での解読作業のような気分を味わうことができた。

　カイガラキジラミ類の名前のもとになった貝殻（lerp）はどのようにしてつくられるのだろうか。かねてから気になっていたのだが，最近 lerp についての走査型電子顕微鏡による研究がなされた（Takagi & Miyatake, 1993）ので紹介したい。それによるとクロオビカイガラキジラミの lerp は，いわば鉄筋コンクリートの，鉄筋に相当する部分とセメントに相当する部分からできている。鉄筋に相当するのは，白色の細長い板状構造の分泌物（Wax filament）で，セメントに相当するのは肛門からと想像される分泌物である。2-5齢幼虫では，Wax filament は尾端背面の，多数の円盤状の突起から分泌される。この突起には，まわりに5個，中央に1個の裂口がある。5個の裂口は5角形に配列しているので，これからの分泌物は，"ひも皮うどん"5枚を5角形に配列したように組み合わされて押し出されてくる。同時に1個の中央の裂口からも，より幅の狭い同様な構造の分泌物が押し出される。そのため全体として，二重の5角形の管のように見える。この管をつくっている Wax filament が1枚ずつに分かれ，長短さまざまに切れてくる。これらが肛門からと想像される分泌物によって接着されて lerp になると推定されている。幼虫の脱皮とともに，lerp の周辺部に新しく lerp がつけ加えられる。

そのため、アサリやカキの貝殻のように、1齢幼虫のつくったlerpを中心に、ほぼ同心円的にlerpは大きくなり、その拡大の状況が、線上の"すじ"としてlerp表面に残る。

現在のところ、このような分泌物や分泌腺の開口部の構造がケルティサスピス属 *Celtisaspis* 全体に認められるのかどうかわからない。しかし、同時に調べられた、lerpをつくるフィリピン産のキジラミ (*Macrohomotoma* sp.) では、Wax filamentや分泌腺の開口部などに、クロオビカイガラキジラミと非常に多くの差異が認められるという。これらのことから、lerpのみならず、キジラミ類幼虫に広く見られるWaxやその分泌腺の開口部の構造は、系統や進化を考える上での、よい指標となると考えておられる。

こうして、筆者の頭の中では、浦和の斜面林のエノキは、朝鮮半島そして中国のエノキに続いている。そして、それに7種のカイガラキジラミが生活しているイメージが広がっていく。つい先日は、日本のエノキカイガラキジラミの夏型と秋型とが別種だったという、9回裏同点ホームランのような、とんでもない夢を見て、びっくりして目が覚めた。逆転ではなく、同点というのがミソ。楽しいことである。

2. ムクノキトガリキジラミ

浦和の根岸という地名は、横浜や東京での根岸と同様に、洪積台地と沖積平地との境界を言うのだろう。この台地のへりの斜面にはムクノキが見られる。ムクノキの葉は昔から物を磨くのにサンドペーパーがわりに用いられていた。木製の三味線のばちは、今でもトクサとムクノキの葉で仕上げられているという。

1983年11月に、その根岸の神明神社わきで、ムクノキの葉に虫こぶがついているのを見つけた。2本の葉脈が接近して、その間

図71 ムクノキトガリキジラミによる虫こぶ。

の葉肉が葉表側にこぶ状にふくれ出したものである（図71）。虫こぶの裏面の開口部付近にキジラミの脱皮殻があったが，付近にはアブラムシもおり，虫こぶ形成にいずれが関係しているのかよくわからなかった。

　翌年11月3日，同じ場所のムクノキの虫こぶの中に，数匹のキジラミ幼虫がいるのを確かめて，成虫を羽化させることができた。トガリキジラミ属の1種（*Trioza* sp.）で，未記録の種類と考えられたので，とりあえずムクノキトガリキジラミと呼ぶことにした。

　このキジラミについて，数匹－十数匹と集団で虫こぶをつくり，その中で幼虫が生活していることと，秋遅く成虫が羽化することが気になった。

　秋遅く，そろそろ葉が落ちようとするころまで虫こぶの中で生活しているというのは，なんと物好きの虫ではないか。さっさと成虫になって虫こぶを離れてしまえば，何らかのアクシデント

で，葉とともに（虫こぶとともに）身を捨てることもあるまいにと思ったからである。

　近くにあるエノキの葉に，小さないぼ状の虫こぶ（エノキチビハフクレフシとでも言おうか）をつくるエノキトガリキジラミ [*Trioza brevifrons*] が見られる。このキジラミは年2回発生と思われ，秋型は9月–10月に羽化してくる。ムクノキトガリキジラミもこのタイプで，その秋型が秋遅く（10月–11月）羽化してくるのではないかと考えた。そのため，秋型の虫こぶがいつできてくるかを，秋から逆にたどってみようとした。

　そして，1985年には7月に虫こぶの中に2齢（?），10月に3齢と思われるキジラミ幼虫がいるのがわかった。

　1986年，1987年には，どうやら，2齢幼虫で成長を停止して越夏し，10月から急激に成長して10月末–11月に羽化する年1化型であることがはっきりしてきた。

　一方，この虫こぶは，浦和付近ばかりでなく東京都心部にも広く分布していることがわかってきた。主な分布地は，上野公園，明治神宮，湯島聖堂，国立科学博物館附属自然教育園，東京農業大学キャンパス，弘法寺（千葉県市川市）などである。

　1988年の調査では，6月，7月，9月に2齢幼虫が見られ，2齢での越夏が確実になった。

　1989年からは，NHKに行く仕事があり，その途中で明治神宮のわきを通ることにして，春の産卵の様子を調べることにした。4月中旬になると，アオキ，サカキ，ムラサキシキブ，エノキの葉上にムクノキトガリキジラミが，他の1種とともに吸汁しているのが見られるようになる。丈の低いムクノキを見つけ，ここで交尾や産卵を観察することにした。

　ここでの観察によれば，ムクノキトガリキジラミは，枝先の，葉表側に折りたたまれた，長さ1–1.5cmぐらいの未展開の葉に産卵する。葉裏の葉脈間には，長い毛が密に生えているが，卵は

その間に産卵される。5月には葉表に若い虫こぶが形成され（高さ1.5-2 mm, 壁の厚さ0.2-0.3mm），その中に多数の幼虫が見られる。

　ここで疑問が生じた。確かに卵は葉裏の葉脈間に産みつけられるが，でき上がった虫こぶはあまり点在せずまとまっている。とすれば，産卵された場所ごとに，各自が虫こぶをつくり，それらが合一して一つの連続した虫こぶになるとは考えにくい。孵化した1齢幼虫は産卵場所からかなり離れた別の場所に移動するのではないか。そして何らかの状況のもとで"集合"して吸汁するようになり，"共同"の虫こぶをつくるのではと考えた。

　このため，ムクノキの実生を明治神宮わきから失敬して，鉢に植えた。これにムクノキトガリキジラミをつけた（1990年4月17日）。7日後に1齢幼虫が，未展開の葉に見られた。その際，裂け目のある卵殻のついている葉の方には幼虫が見られなかったので，移動はほぼ確実と思われた。しかし，卵も幼虫も小さく，ルーペでは確かめにくい。そのため，1993年には，固定標本にして確認することにした。

　その一例を示すと，葉身の長さ30mmの葉裏に，孵化済みの卵殻が約50個ついたままになっており，それより1枚若い葉（未展開，長さ17mm）の葉裏に1齢幼虫（0.30-0.35mm）が17頭ついており，この葉には孵化済みの卵殻は認められなかった（図72）。

　実際の移動を観察できなかったが，大部分の1齢幼虫がより若い葉に移動して"共同"の虫こぶをつくることはまず確実と思われる。こうして5月末には，葉脈間に虫こぶがふくれ出し，その中で2齢幼虫の状態で，成長を停止して休眠する（越夏）。10月に再び成長を開始し，虫こぶも肉厚になり，11月に羽化して成虫で越冬するものと考えられる。

　12月初めごろ，ムクノキの葉の大部分は落ちてしまう。このこ

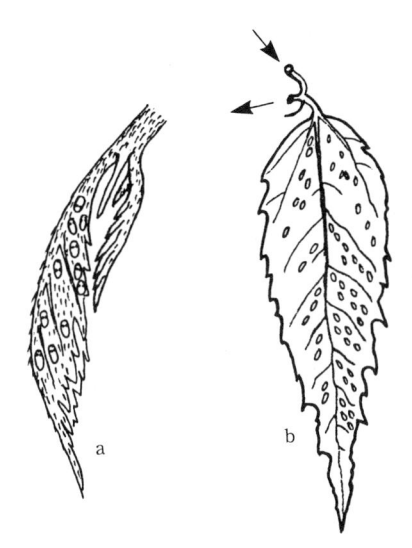

第3章 虫こぶ観察ノートから 139

図72 a 孵化後に新葉に移動したムクノキトガリキジラミの1齢幼虫, b 孵化後の卵殻 (葉長30 mm)。

図73 ムクノキキジラミ脱出後に冬も枝先に残る虫こぶ。

ろ，枝先に残っている葉には，トガリキジラミの虫こぶ（幼虫は脱出済み）が見られることが多い（図73）。軒先に置いて霜に当たらないようにした鉢のものでは，3月中旬になっても落葉せずに残っていた。キジラミの寄生により，ホルモンのバランスが"異常"になり，正常な葉よりも，枝に長期間残ることになったのだろうか。キジラミが，そのようにムクノキを操作しているのかどうかはわからないが，秋遅くまで虫こぶ内で成長し続けるキジラミにとっては，結果として好都合である。

このような事実は，虫こぶ形成は，栄養的に劣っている成熟したとくに老化した組織を，（可溶性窒素の多い）栄養豊かなタンクに変える適応である（Hodkinson, 1984）という考えにはよく合うように思われる。

3. トゲキジラミ

1978年5月末，房総半島の郷台畑から清澄山へと続く林道を歩いていた。木漏れ日に透けるクロモジの若葉がさわやかであった。若葉の表面に虫ピンの頭ほど（径0.4mm）の虫こぶ（Pit gall）が見られた。凹んでいる葉裏側を調べたが，形成者はよくわからなかった。

次の年の4月初め，宮武先生からの便りの終わりに，「シロダモに，シロダモキジラミ [*Psylla kuwayamai*] とトゲキジラミ [*Togepsylla matsumurana*] が見つかりませんか」というコメントがついていた。トゲキジラミは，カナクギノキとヤマコウバシ（ともにクスノキ科の *Lindera = Benzoin* に属する）に，幼虫が虫こぶをつくるが，シロダモ（クスノキ科の *Litsea* に属する）には幼虫が見られない（Miyatake, 1970）とあったので，その後シロダモにも幼虫がつくということが確認されたのだと思った。また，このコメントには「シロダモには虫こぶをつくりませんが

……」と，非常に興味あることが付記されていた。

早速，浦和付近のシロダモを調べてみたが，垂れ下がっている若葉について吸汁し，多量の"蜜—Honey dew"を排出しているのはシロダモキジラミだけで，トゲキジラミの方は発見できなかった。

4月末の例会（房総の自然研究会）で郷台畑を訪れ，クロモジの葉を裏返しにして調べたら，トゲキジラミの成虫が見られ，卵がまだ孵化していないのに，卵と反対側の葉表がふくれ出し，虫こぶがつくられつつあった。前年，郷台畑で見たクロモジの虫こぶは，トゲキジラミによるものであることがわかった。また，産卵に伴う刺激のみで，幼虫の吸汁刺激なしで虫こぶ形成が開始されることも，カナクギノキに対する場合（Miyatake, 1970）と同様，クロモジの場合でも観察できた。

宮武先生に，トゲキジラミであることを確認してもらったが，幼虫の寄主がクロモジであることは，当時記録がなかったのでさらに確かめてほしいということであった。

その後，高尾山（東京都八王子市），御岳山（東京都青梅市），高水山（東京都青梅市）でもクロモジにトゲキジラミが産卵しているのを確認できた。

こうして，カナクギノキの分布していない関東地方では，トゲキジラミは同属のクロモジを寄主植物としていることがわかった。しかし，関東地方のヤマコウバシからはトゲキジラミ（幼虫）をまだ得ていない。

一方，トゲキジラミ（幼虫）はシロダモにつくと虫こぶをつくらないという。このことも神奈川県の茅ヶ崎市堤や栃木県太平山で確認できた。クロモジの場合とは異なり，いずれもかなり発育した葉の裏に群棲していた。

キジラミ類には虫こぶをつくらずにアブラムシのように自由生活をおこなっているものと，幼虫が虫こぶをつくってその中であ

まり動かずに生活するものとある。外国には、日本のヨモギキジラミに近いキジラミ（*Craspedolepta nebulosa*）がヤナギランにつき、成虫の吸汁刺激によって葉を裏面にカールさせるが、幼虫は虫こぶを形成しないという面白い例がある（Hodkinson, 1984）。しかし、寄主によって虫こぶをつくったり、つくらなかったりするというのも興味深い。

トゲキジラミはカナクギノキやクロモジ（*Lindera*）につくと虫こぶをつくり、シロダモ（*Litsea*）ではつくらない。しかも、虫こぶをつくる場合は、産卵に伴う刺激（産卵時または卵表からの分泌物）だけで、その後の吸汁行動に伴う刺激なしで、虫こぶがほぼ形成される。

虫こぶができるかできないかは寄主植物の反応性の違いによるのだろうか。キジラミの方に虫こぶをつくるいわばクロモジ系と、つくらないシロダモ系というふうになんらかの分化が起こっているのだろうか。両系統で、寄主植物の選好性に差があるのだろうか、などいろいろな疑問が生じてくる。

トゲキジラミは年1回発生で、成虫越冬と考えられている（Miyatake, 1970；宮武，1973）。

つまり、越冬した成虫が4，5月に産卵し、6，7月に羽化し、越夏、越冬するという。しかし、春に産卵された幼虫がいつ成虫になるのか、年1化なのか、多化なのかどうもはっきりしない点がある。筆者のノートでも6月-8月の記録は少なく、埼玉県奥武蔵の正丸峠（1980年6月30日，幼虫）のみである。しかも秋にも幼虫の記録（1979年9月16日，1980年10月19日，ともに清澄山）があるので、クロモジのものは、少なくとも2化の可能性がある。その場合でも、春に若葉の葉裏に集まっている成虫から判断して越冬は成虫でおこなうことになろう。

虫こぶをつくらない、シロダモを寄主とする場合は、"虫こぶ"にこだわる（!）ことがないのだから、別の発生経過があっても

第3章 虫こぶ観察ノートから

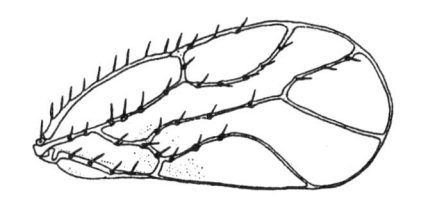

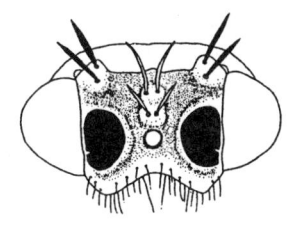

図74 トゲキジラミの前翅と頭部前面（Miyatake, 1970 より）。

よさそうな気がする。

　そこで，トゲキジラミのついていたシロダモの葉裏を，トゲキジラミごと，アルコールで"洗って"ビンに詰めてあったのを取り出し，調べ直してみた。太平山（5月10日）では，シロダモキジラミも見られたので，びんの中のキジラミ幼虫はシロダモキジラミとトゲキジラミが混じっていた。羽化直後の成虫と各齢の幼虫が認められ，茅ヶ崎市（4月19日）のものにも4齢，5齢のものが認められた。シロダモのものも，クロモジのものとまず変わらない発生経過をたどることがわかった。

　トゲキジラミは，頭部や翅脈上に特徴のある刺（とげ）を持ち（図74），形態的に特異であるばかりでなく，寄主となる植物によって虫こぶをつくったりつくらなかったりする点でも面白い。虫こぶをつくるか，つくらないか，それに伴う生活史や生存率などをもう少しじっくり調べたいと思っている。

4．タケノウチエゴアブラムシ

　神奈川県の平塚市博物館の浜口哲一さんから，夏期展示で「雑木林」をやりたいので，虫こぶの標本を借りたいとの話があった（1986年）。また会期中に，虫こぶ一般の話をしてほしいというの

でお引き受けした。浜口さんとは、そのころ筆者が勤めていた高等学校で1年間講師をお願いしたことからのおつき合いである。虫こぶの話の終わりに、虫こぶらしいものが見つかったら、ぜひ博物館の方へと、お願いしておいた。

　11月末に、浜口さんが標本を戻しに来校された。その際に"おみやげ"ですと示された虫こぶを見てびっくりした。エゴノキについていたという、ホウキタケといおうかブロッコリーといおうか、細かに分岐した虫こぶの表面にアブラムシがついていたからである。台湾にはそのような虫こぶがあると聞いていたが、日本のものでは知らなかったからであった（図75）。

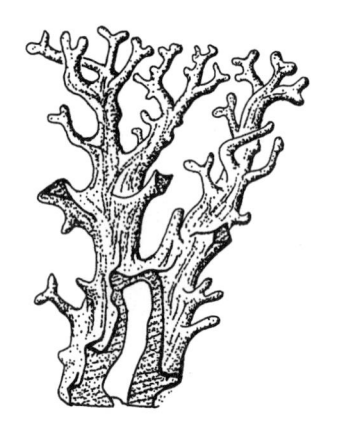

図75　タケノウチエゴアブラムシによる虫こぶ。半乾燥状態でアルコール漬けにした標本から描いた図（半球状の虫こぶの一部を示す）。

　浜口さんからいただいたとき、虫こぶは薄茶色で半乾燥状態で、その外側にアブラムシの有翅虫や幼虫が見られた。
　すぐにアルコール標本にし、いろいろ調べてタケノウチエゴアブラムシらしいと思ったので、この類を調べている青木重幸さんに送った。青木さんは以前から"November 3rd"という、約50年前の採集日を記憶されているぐらい、タケノウチエゴアブラム

シを追究されておられたからである。

　折り返し電話があり，「恐らく間違いなくタケノウチでしょう，しかも実家の近くでとは……」とかなりの興奮が伝わってきた。

　こうして，耶馬渓（大分県）の一角，西椎谷で得られて（1933年11月3日）から約50年ぶりに，多くの人の手を経て，タケノウチエゴアブラムシが再発見されたことになる。

　この虫こぶは，"茅ヶ崎自然に親しむ会"の田部武久さんにより，茅ヶ崎市堤の通称清水谷戸と呼ばれているくぼ地のエゴノキについているのを発見された（1986年10月5日）。直径約10cmで，原記載には色が記されていないが，なんと緑色をしていたという。虫こぶは，手首の半分ほどの太さの枝の側面についており，田部さんは最初地衣類かきのこではと思ったという。採集時に撮られた写真（平野文明さん—茅ヶ崎市文化資料館—撮影）を見せてもらったが，半乾燥状態のものにくらべて，虫こぶの先端部が丸味をおびており，さらに緑色をしていたならさぞかし見事な虫こぶだったろうと思った。

　この虫こぶからアブラムシを拾い出して調べたところ，有翅虫と未熟な幼虫が見られた。

　まず幼虫には1齢と2齢幼虫が見られ，2齢に2つのタイプがある。2齢幼虫のうち額に角があるのは兵隊（Soldier）で，他のタイプのもの（正常幼虫）が成長して有翅虫となると考えられた。

　また，口吻の非常に長い1齢幼虫が見られ，これと同じ形の1齢幼虫が，有翅虫の腹部を解剖すると出てくる。そのため，この有翅虫は二次寄主（未知の）を求めて飛んでいくアブラムシであり，口吻の長い1齢幼虫は本来二次寄主上に産み落とされるべきアブラムシであろうと考えられた。浜口さんが，虫こぶをすぐにアルコール漬けにしなかったため（！），有翅虫が産気づき，虫こぶの近くで1齢幼虫を産んでしまったというわけである。

そしてこの1齢幼虫はワックスプレートを持つ点でエゴアブラムシ属［*Astegopteryx*］（タケノヒメツノアブラムシなど）とは異なり，むしろコナジラミモドキ属［*Aleurodaphis*］に近いと考えられた。

　このような青木さんの推定を確実にするためにはもっと材料を集めねばならない。また1年でこの大きさにまで虫こぶが成長するとは考えにくい。2年かかるとすれば1年目の虫こぶがあるのではないかということで，二度現地に足を運んだ。結局，当のエゴノキに新たな虫こぶは発見できず，付近にもコナジラミモドキ属のアブラムシも発見できなかった。

　一次寄主（そこで有性生殖がおこなわれる）と二次寄主（単性生殖だけがおこなわれる）との間を往来して生活するアブラムシでは，それぞれの寄主上で，別な種類として記載されている可能性がある。

　エゴノキを一次寄主とするタケノウチエゴアブラムシの単性生殖世代が，二次寄主上で別の種類として記載されている可能性がある。そしてその単性生殖世代はコナジラミモドキ属のものと似ている。とすれば，すでに知られているコナジラミモドキとタケノウチエゴアブラムシの幼虫を比較してみればよい。それを探ったところ一致するものはない。したがってタケノウチエゴアブラムシの二次寄主は，今のところ未知ということになった。一方，コナジラミモドキ属の系統関係についてはいろいろ問題があるのだが，タケノウチエゴアブラムシの属名を *Astegopteryx*［エゴアブラムシ属］から，とりあえず *Aleurodaphis*［コナジラミモドキ属］に移すことを提案した（Aoki & Usuba, 1989）。したがって，この段階でタケノウチエゴアブラムシの学名は *Astegopteryx takenouchii* Takahashi から *Aleurodaphis takenouchii*（Takahashi）に属名変更されたことになる。

　その後，台湾でタケノウチエゴアブラムシの虫こぶを黒須詩子

さんと青木さんが調べ，二次寄主がヤドリギ属で，単性生殖世代が葉べり巻き型の虫こぶをつくることを確かめられた。有翅虫の産んだ1齢幼虫によく似た幼虫が，付近のヤドリギの虫こぶ内にいたのである。

実は，一次寄主がエゴノキで，二次寄主がヤドリギというのは，近縁のヤドリギアブラムシ属［*Tuberaphis*］の定番だったのである。こうなると，タケノウチエゴアブラムシを一次寄主の知られていないコナジラミモドキ属［*Aleurodaphis*］に置くよりは，ヤドリギアブラムシ属に移した方が，よほど"居心地"がよいように思われる（黒須，1992，昆虫学会関東支部大会発表）。

このトレードの考え（*Aleurodaphis* → *Tuberaphis*）は，思わぬ方向からの援護を受けることになる。アブラムシの腹部には菌細胞があり，その中に雌親から子に卵巣内で感染して伝えられる細菌様の細胞内共生体が知られている。ところが，ハクウンボクハナフシアブラムシ（表14）などにはこの菌細胞がなく，かわりに（?）酵母様の共生体が体液中に見られる（深津，1993）。

ヤドリギアブラムシ属の全てが酵母様共生体を持ち，コナジラミモドキ属は細菌様共生体を持つ。タケノウチエゴアブラムシは酵母様共生体を持っているので，この点でもヤドリギアブラムシ属へのトレードの方が，すっきりした系統関係を示すことになる（深津，1993）。

ところで，タケノウチエゴアブラムシの"古巣"のエゴアブラムシ属［*Astegopteryx*］の方の事情はどうであろうか。ここにも問題が起こってしまった。二次寄主がなく，酵母様共生体を持つハクウンボクハナフシアブラムシは孤立してしまう。

そこで青木さんたちは，血縁選択説のハミルトンに献名して*Hamiltonaphis*という新属をつくって，ここにハクウンボクハナフシアブラムシを移すことにした（Aoki, Kurosu & Fukatsu, 1993）。系統関係をとらえる上でまだちょっと問題になるところ

表14 ツノアブラ族（一部）の二次寄主と共生生体の比較（深津, 1993をもとに作表）

属/種	共生体 細菌様	共生体 酵母様	二次寄主	備考
エゴアブラムシ属 [*Astegopteryx*]				
タケヒメツノアブラムシなど3種	○		イネ科（タケ）	
ハクウンボクハナフシアブラムシ		○	二次寄主なし	→新属 *Hamiltonaphis* へ
ヤドリギアブラムシ属 [*Tuberaphis*]				
ヤドリギアブラムシなど2種		○	ヤドリギ科	←
コナジラミモドキ属 [*Aleurodaphis*]				
ヤブタバココナジラミモドキなど2種	○		キク科・ツリフネソウ科	ヤドリギアブラムシ属へ
タケノウチエゴアブラムシ		○	ヤドリギ科	

もあるようだが、だいぶすっきりと風通しがよくなってきたように思われる（表14）。

　分類というと、どこか古くさく、面白味がないように思われる。ある情報がもとになって推理がおこなわれ、その結果にさらに新しい情報が加わる。思いがけない助っ人が現われたり、逆に混乱が深まったりする。このような流れは、"わき"から見ていてもなかなか楽しいものである。

5. イスノキの虫こぶ

　イスノキにはアブラムシによる虫こぶが10種類以上も見られる。そのうち東京都内で普通に見かけることのできるのはイチジク状のイスノナガタマフシ、球状のイスノコタマフシ、葉にできる大豆粒ほどのイスノハタマフシなどである（図76）。大きくて硬いモンゼンイスフシは、近年、東京湾岸の埋め立て地や公園でよく見かけるようになった（図76）。一方、東京都北区西ケ原からの記録のあるイスノヤワラタマフシは、かつてその近くに住んでいたこともあり、探してみたがまだ発見できないでいる。

　もともと東京にはイスノキが分布してなかったらしい。とすれば、東京で見かけるイスノキの虫こぶは、アブラムシつき̇で̇運ばれ栽植されたイスノキをもとにして拡散していった可能性が大である。虫つかずのイスノキがまず運ばれ、次いで有翅のアブラムシが飛来して……というケースもあるにはあるだろうが。

　また、イスノキに虫こぶをつくるアブラムシ類には、イスノキ（一次寄主）とシイ・カシ類など（二次寄主）との間で寄主の転換をおこなうものが多い。イスノキとともに埋め立て地などに植えられても、移住先の植物が近くになかったり、移住飛行がうまくいかなければ、絶えてしまうことになる。

　イスノキの虫こぶに、出現、消失や増減が激しいのは、このよ

150　　　　　　第3章　虫こぶ観察ノートから

図76　イスノキにできるいろいろな虫こぶ。

イスノハタマフシ

イスノコタマフシ

イスハコタマフシ

第3章　虫こぶ観察ノートから　　　　　　　151

イスノナガタマフシ

モンゼンイスフシ

うに栽植と寄主の転換が絡んでいると思われる。かつて修学旅行先の山口県萩市内で初めて見たイスハコタマフシ（図76）は，その後長崎や福岡県の柳川でも見かけた。この虫こぶをつくるアブラムシはイスノキのみで生活し，二次寄主に移住しない。東京にいつ現われるか，注目しているところである。

イスノキにイチジク状の虫こぶをつくるのはイスノフシアブラで，二次寄主はアラカシとされている（図77，Ⅲの型）。4月末にアラカシからイスノキに戻ってきた有翅（産性雌）虫から雌と雄とが生まれる。交尾した雌［注2］からの卵からかえった幼虫は全て雌（幹母）になり，イスノキの新葉にとりついて，これを虫こぶに変える。虫こぶ内で雌が雄なしで雌を産み（単性生殖），吸汁しながら成長し，また雌を産む。このため虫こぶ内の数百頭のアブラムシは全て雌のみの集団で，しかも1頭の雌（幹母）に由来する血縁集団ということになる。

イスノナガタマフシは，11月に虫こぶの一部に孔が開いて，数百頭の有翅（胎生雌）虫がアラカシを求めて飛びたつ。アブラムシの口器は針状で，吸汁はできるが嚙むことはできない。脱出用の孔はどのようにしてできるのだろうか。虫こぶの壁の一部には，早くから直径5 mmほどの，他（2.5mm）よりも肉薄の部分（厚さ1 mm）がある。虫こぶの壁は3層からできているが，白色の中層部分がとくに薄くなっている（図78）。ともあれ，この肉薄部分が他の肉厚部分より早く乾燥収縮し，生じたひずみによって裂開し孔ができると考えられる。ただし，この肉薄部分がどのようにして"きまる"のか，そのことにアブラムシが関係するのかしないのかがわからない。

虫こぶを内側から透かして見ると，肉薄部分はぼんやりと明るく見える。虫こぶの中でアブラムシは，この部分で集中的に吸汁するということはないのだろうか。胃カメラのようなものでのぞいてみたいものだ。虫こぶ内での有翅虫の出現と，虫こぶの裂開

第3章　虫こぶ観察ノートから

	一次寄生	二次寄生
	イスノキ	シイ・カシなど
I	🌿↺	なし
II	🌿 ⇄移住	🌿
III	🌿 ⇄移住	🌿↺

図77　イスノキにゴールをつくるアブラムシの生活型
(宗林, 1958, 1960などをもとに作図)

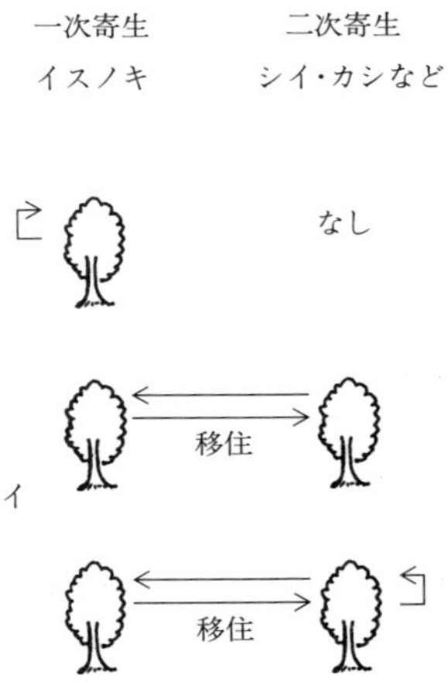

I — イスノキに周年生活し、二次寄生を持たないもの
　　(イスノコタマフシ(←イスノアキイアブラムシ))
　　(イスノコタマフシ(←イスノタマアブラムシ))

II — イスノキと二次寄生との移住を繰り返すもの
　　(イスノハタマフシ(←ヤノイスアブラムシ)…二次寄主はコナラ)
　　(モンゼンイスアブシ(←モンゼンイスアブラムシ)…二次寄主はアラカシ、シイ)

III — イスノキと二次寄生との移住を繰り返すが、二次寄主上で単性生殖を続けるものもいる
　　(イスノナガタマフシ(←イスノフシアブラムシ)…二次寄主はアラカシ)
　　(イスノヤワラタマフシ(←シイムネアブラムシ)…二次寄主はツブラジイ)

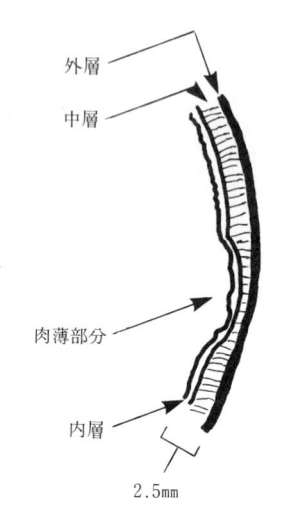

図78 イスノナガタマフシの壁は2.5mmほどの厚みがあるが,脱出孔となる部分はより薄くなっている。写真は,モンゼンイスフシの開孔部を内側から見たもの。

とがシンクロナイズされるのも面白い。野生のイチジク類では,嚢果内部のCO_2濃度の変化が,イチジクコバチ類の雌雄の行動,雌の脱出に関係するといわれている。イスノキの虫こぶ内のCO_2濃度はどう変動するのだろうか,CO_2検知管で計ってみたいものである。

イスノコタマフシでは夏の終わりから,イスノナガタマフシでは初夏に,いずれも3-4週間で虫こぶ自体は成長が終わる。このようなイスノキの虫こぶの急速な成長に着目して研究が進められ,ブラシノステロイド系の物質が関係していることが明らかにされた(80頁参照)。

イスノキにつくアブラムシによる虫こぶが8種とされていた1979年ごろ,東京の明治神宮外苑や北区西ケ原のイスノキに,長さ10-20mm,直径5-7mmほどの紡錘形の虫こぶを見つけた

第3章　虫こぶ観察ノートから　　　　　155

図79　イスノハグキタマフシ。

（図79）。緑色–黄緑色で壁は比較的薄い。10月に有翅虫が飛び出す。既知の8種とは，形が異なるので宗林正人先生にお聞きしたところ，和歌山や三重で得ているが，当座は *Metanipponaphis* sp.としておいてとのことであった。神宮球場の周りで，きょろきょろイスノキを探しているとダフ屋が寄ってくる。ここにもこの虫こぶが多い。「カシやシイに有翅虫をつけて飼育して……」とお手紙にはあったのだが，そのままになってしまった。後になってこの虫こぶをつくるアブラムシは，シイコムネアブラムシ [*Metanipponaphis rotunda*] であることが宗林先生によって明らかにされた (Sorin, 1985)。つまり，この虫こぶからの有翅虫がシイに移住し，そこで育ったものがシイコムネアブラムシとして昔から知られていた黒くて，背面が扁平なアブラムシであったわけである。

　つまり，この場合はシイ（二次寄主）でのアブラムシが先にわ

かっており，イスノキ（一次寄主）での虫こぶ（イスノハグキタマフシ）やそれをつくるアブラムシが後からわかった例である（現在までの知見では，このアブラムシは図77IIの型の生活を送ることになる）。

イスノキにつくアブラムシの虫こぶはもっとあるような気がする。未成熟な虫こぶ，変形した虫こぶとして"処理"した虫こぶが，今さら気になって仕方がない。

6. シバヤナギのハバチによる虫こぶ

ヤナギ類に虫こぶをつくるハバチには3つのグループが知られている。そのうちハマキハバチ属［*Phyllocolpa*］の幼虫はヤナギ類の葉のへりを折ったり，巻いたりする開放型の虫こぶをつくる。一方，メコブハバチ属［*Euura*］と，ハコブハバチ属［*Pontania*］の幼虫は葉や芽などに閉鎖型の虫こぶをつくる。いずれも虫こぶ内に糞を排出しながら成長し，頭と脚がはっきりしている（図80）ので，蛾の幼虫と間違われたりする（ハバチ類の幼虫は時に false caterpillar—にせ青虫—と呼ばれる）。また，とくにコブハバチ類のものは，産卵に伴う刺激だけで，虫こぶの形成が始まることでも有名である。

千葉県の平地から房総半島の丘陵にかけてシバヤナギが広く分布しており，これに2種類の，ハバチ類による虫こぶが見られる。

このうち，シバヤナギハウラタマフシと名づけた虫こぶは，葉の主脈の下面につくられ，ほぼ球形である。虫こぶの付着部の葉表部分はややくぼみ，夏の終わりごろまでは紫紅色-淡黄色を呈する。虫こぶの直径は秋の幼虫脱出時で直径7-10mm，黄緑色で表面に黄褐色の突起が散在する（図80）。虫こぶ内には1頭の幼虫が見られ，9月末-10月初旬に，側壁に孔を開けて脱出する。

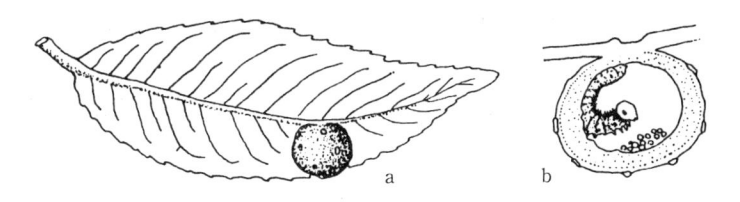

図80 シバヤナギハウラタマフシ（a）とその断面図（b）。

 恐らく地中でまゆをつくって越冬し，次の年の3-4月に羽化するものと思われる。まだ成虫を羽化させることができていないが，ハコブハバチ属のハバチによる虫こぶと推定される。
 もう一方の，シバヤナギハオモテコブフシと名づけた方は，葉表側に主脈を避けて形成される。ホットドッグ用のパンといおうか，ナマコのような形（12mm×5 mm×5 mm）で，表面平滑で壁が厚く，その長軸は必ず主脈と平行になる。虫こぶの葉裏部分にはややひきつれたようなしわがある。主脈をはさむようにして2個の虫こぶが並ぶこともある。虫こぶ内には1頭の幼虫が見られる（図81）。

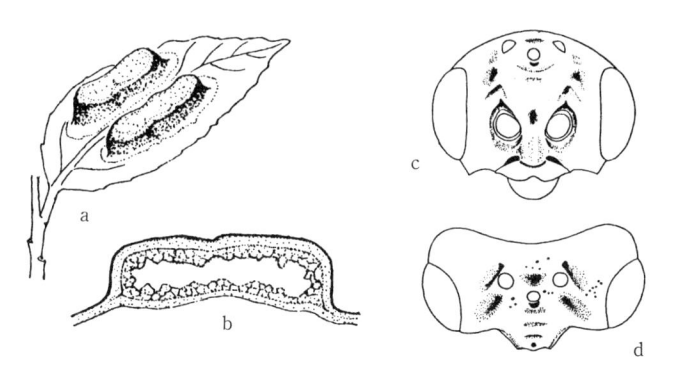

図81 シバヤナギハオモテコブフシ（a）とその断面図（b）。虫こぶ形成昆虫シバヤナギコブハバチの頭部正面図（c）と同背面図（d）。

ハオモテコブフシの幼虫は,ハウラタマフシのそれにくらべて成長が早く,5月の初旬-下旬には虫こぶから脱出してしまう。恐らく産卵の刺激だけでも虫こぶ形成が進み,その後の成長も早いと推定される。

成虫を羽化させることのできた虫こぶは,4月28日(1978年)に,千葉県 鋸山(のこぎりやま)で採集したものである。当時は毎年4月28日に,生物部の新入生歓迎ハイキングがおこなわれ,OBも集まっての集いとなっていた。(この日の昼食時のラジオで大学新入生のいたましい死のニュースを聞いた。帰ってから,夏の生物部合宿でマムシに咬まれたことのあるOBのO君であることがわかった。それ以後,卒業時には酒の飲み方も教えることにした。)

この虫こぶから5月5-10日に多数の幼虫が脱出して,地中で褐色のまゆをつくって越夏,越冬し,次年の4月初旬に1雌1雄が羽化してきた。ハコブハバチ属 [*Pontania*] ではないかと考えたが,翅脈が少し異なるようなので,富樫一次先生に標本を送って検討してもらうことにした。検討の結果メコブハバチ属 [*Euura*] の新種として記載発表することになった(Togashi & Usuba, 1980)。

こうしてシバヤナギハオモテコブフシをつくるハバチは,シバヤナギコブハバチ [*Euura shibayanagii* Togashi & Usuba] となった。しかし,少々気になることがある。それはヨーロッパ,北アメリカのメコブハバチ属 [*Euura*] の幼虫は,ヤナギ類の芽,葉柄,茎に虫こぶをつくり(Price, 1992など),葉身につくる例を見ないからである。

一方,ハコブハバチ属 [*Pontania*] のものにシバヤナギハオモテコブフシに似た虫こぶ(たとえば *P. femoralis* によるもの)が見られる(Benson, 1954;内藤,1988)。

この類の,1本の短い翅脈の有無が属を分けるほど重要かつ安定した特徴であるのかどうかは知らない。うまく羽化させた喜び

のあまり，翅脈の硬化を待たずにアルコール漬けにしてしまった可能性もなくはない。

　もう一つは他種のまぎれ込みである。ハオモテコブフシとハウラタマフシとでは，幼虫の脱出時期に差があるので誤る恐れはない。問題は第3のハバチの存在である。実は後になってシバヤナギの芽につくハバチによると思われる虫こぶを見つけたのである。千葉県東金市の御蛇ケ池で，ハオモテコブフシ（幼虫脱出済み），ハウラタマフシとともに，脱出孔のある"メフシ"があった（1985年5月6日）。遠足で箱根の金時山に登ったら，ここにも脱出孔のあるシバヤナギの"メフシ"が見られた（1985年5月8日）。

　この"メフシ"は，日本にも産する *Euura mucronata* の虫こぶ（Meyer, 1987）によく似ている。しかし，虫こぶは非常に小さいので，成虫も小さいと思われ，これがハオモテコブハバチとはちょっと考えにくい。

　その後，ハオモテコブハバチを得ていないし，"メフシ"からのハバチも得ていないので，比較できないでいる。名づけた手前，Godfather（！）の一人としては，夜半にガバと目覚めたりして，やはり子どもの将来が気になるのである。

7. ニシキウツギハコブフシ

　虫こぶの図鑑用にスライドを借りたいとの話があり，大阪での集まりのついでにハコブハバチの標本を持って神戸大学の内藤親彦先生を訪ねたことがある。それは1981年だったから，もう14年も前のことになる。その際，かつて"蜂の会"でお目にかかった奥谷禎一先生にお会いし，ヨーロッパにはスイカズラ科に虫こぶをつくるハバチがいるという話をお聞きした。

　次の週に，ヤナギの葉折れ型のハバチの虫こぶとトウヒのアブ

ラムシによる虫こぶを調べようとして栃木県の塩原を訪ねた。新湯から大沼に下った所で，ニシキウツギの葉に黄褐色の虫こぶができているのを見つけた。早速割ってみたが，内部に空間がない。錆菌によるものではないかと思ったりしたが，3個目に，蛾の幼虫のようなのが"坑道"内にいるのがわかった。葉を食べる蛾の幼虫がついでに潜ったのではと思った。

"ウツギ"と名のつくものはユキノシタ科やスイカズラ科に多いが，ニシキウツギはスイカズラ科の方だと自問自答した。その時，先日の話が思い出され，ひょっとするとと思いルーペでのぞいてみた。それはまぎれもなく，少しずんぐりしているがハバチの幼虫であった。

こうして，話題になってから1週間で，日本にもスイカズラ科の植物に，虫こぶをつくるハバチの幼虫がいることが，あっけなく"わかって"しまった。

ところが帰宅して調べてみると，このことは新発見でも何でもなかった。日本の虫こぶについての大先達の一人である門前弘多氏がニシキウツギハコブの名で，ハバチによるニシキウツギの虫こぶを青森県浅虫で発見されている（門前，1930）ことに気づいた。

今になってみれば広く分布していることがわかり，形も色も目立つ虫こぶであるのに，どうして報告が少なかったのであろうか。

一つは，ハバチの幼虫による虫こぶはヤナギ類につくられるという思い込みである。門前（1930）の記録も，何らかの誤認によると片づけられていたのではないか。もう一つは，この虫こぶの卵期が長くて，幼虫の摂食刺激なしでもかなりの程度まで虫こぶ形成が進むこと（後述）や，虫こぶが肉厚で，若齢幼虫が坑道を掘って食い進むというこのハバチ幼虫の特性によるのではないか。つまり，虫こぶを見つけても虫こぶ形成者を発見しにくいことがあげられる。

ハバチ類で，幼虫が虫こぶをつくるものとして，およそ次の仲

間が知られている (Meyer, 1987)。

　　Pontania——ヤナギ類（葉）
　　Euura——ヤナギ類（芽，葉柄など）
　　Phyllocolpa——ヤナギ類（葉折れ型）
　　Blennocampa——バラ科（葉巻き型）
　　Hoplocampoides——スイカズラ科（葉柄）

　問題のスイカズラ科につくものは，ヨーロッパに普通な *Hoplocampoides xylostei* で *Lonicera*（スイカズラ属—スイカズラ，ウグイスカグラ，ヒョウタンボクなどが属する）の1種の葉のつけ根をふくらませる。ニシキウツギ（*Weigela*）も *Lonicera* に近縁なので，ニシキウツギハコブハバチも *Hoplocampoides* かそれに近い仲間ととりあえず考えた（薄葉，1981b）。

　この時の幼虫は，結局成虫化させることに失敗してしまった。いずれ誰かが成虫を得ると思い，この後，このハバチの虫こぶには興味を抱きながらも手をつけずにいた。

　ところが1994年春になって，まだこのハバチの成虫が得られていないらしいことがわかった。旅行のとき，群馬県榛名山にニシキウツギが多くあったことを思い出し，この山の自然を熟知している友人の小暮市郎君に案内を頼むことに思いいたった。

　作戦は次のようである。ニシキウツギハコブハバチの成虫がまだ得られていないとすれば，飼育はかなりむずかしいと見なければならないだろう。ニシキウツギとの関連をとくに考えず，スイーピングなどでもホプロカンポイデス属 *Hoplocampoides* に近いハバチが得られていないとすれば，羽化期がかなり早いのではないかと考えられる。このことは，このハバチの虫こぶが，若枝のつけねから1-3対目の葉に多く見られ，枝先の大きな葉に比較的少ないことにもうまく合う。つまり，あまり葉が展開しないうちに産卵すれば，基部の葉に多いことになるわけである。また，1枚の葉の対象的な位置に虫こぶが2つ見られることがある。これ

も，まだ真中から2つに折りたたまれている葉の両側に，あまり移動しないで産卵するとすれば説明がつく。これらを考えて，ニシキウツギの葉の展開前，これに産卵しようとしている小型のハバチを探すのが近道であろうと考えた。

　小暮君と何度か電話で連絡し，標高1100m付近までの芽出しの状況に合わせて，ニシキウツギに集まるハバチ類を探索した。その結果，この時期に意外に多くのハバチ類がニシキウツギを訪れることがわかり，多くの"裏切り"に出会いながら，結局3例（5月16日2例，5月23日1例）の産卵を観察できた。予想通り，産卵は表側を内側に折るようにして斜上する未展開の葉の，葉裏側からおこなわれた。5月23日には，産卵による黄色の変色部を持つ葉がかなり見られたので，この地では5月中旬から下旬にかけてが産卵適期と考えられる。ここで，ニシキウツギの葉に産卵しているのが確認されたハバチの標本を内藤親彦氏に送ったところ，まさしく *Hoplocampoides* に属すると考えてよいハバチであることが明らかになった（図82）。

　その後，小暮君から送られてきた虫こぶなどを調べた結果，ニシキウツギハコブハバチの生活史，虫こぶの形成の様子などは次のようにまとめられる。

図82　ニシキウツギハコブハバチ。

第3章　虫こぶ観察ノートから

産卵は,ニシキウツギの葉が完全に展開する前におこなわれる。榛名山の火口原付近では5月中-下旬である。雌は葉表を内側に,2つ折りになっている葉裏の,主脈または支脈に沿うように静止する。葉脈のこちら側から反対側に向かって斜めに産卵管を刺し込んで葉肉内に産卵する。産卵管の挿入部分には,茶褐色の固形物が後まで残っている。産卵に伴う分泌物の一部が変化したのではないかと思われる。産卵に伴って,多量の分泌物を送り込むのは虫こぶをつくるハバチではよく知られていることであり,これが虫こぶ形成に深く関係している。産卵後,数日で卵付近の葉肉付近が黄緑色に変化し,次第に肥厚してくる(図83)。

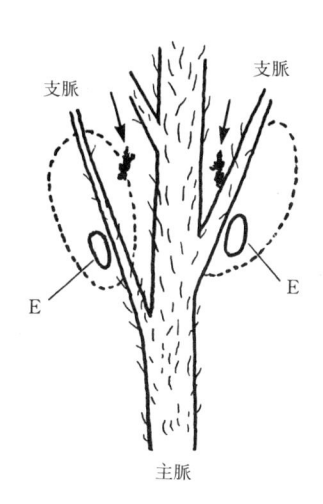

図83　ニシキウツギハコブフシ形成部位の拡大図。破線内が変色域で,葉肉内にニシキウツギハコブハバチの卵(E)がある。矢印で示した部分に,産卵時の分泌液の残りが見られる。

6月中旬までに,虫こぶは長さ約8.3mm,最大部分の幅約3.4mm,厚さ1.5-2 mmに達する。色は黄色,黄緑色で,周辺部の一部が赤褐色を帯びるものもある。卵(0.6×0.3mm)はまだ孵化しないものが多く,卵のまわりの空間はまだ目立たない(6月15日)。卵期は2-3週間とかなり長いと思われる(図84)。

図84 6月の時点で調べたニシキウツギハコブフシ。上段の葉では，通常の大きさに成長している虫こぶが観察されるが，下段の虫こぶは産卵中断のもので卵はなく，未発達である。

　Pontania に属するハバチでは，卵なしでも"フルサイズ"の虫こぶが形成されるものと，孵化後の幼虫の摂食活動等の刺激がないと正常な虫こぶができないものが知られている。ニシキウツギハコブハバチでは，幼虫なしでも成熟した虫こぶの長さ・幅で約80％，厚さで約50％の虫こぶ化が進行する（図85）。

第3章 虫こぶ観察ノートから

6月15日—卵は未孵化

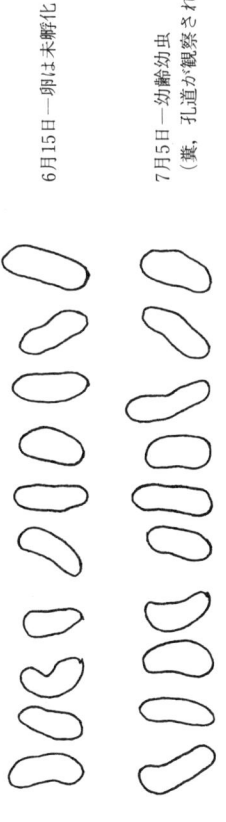

7月5日—幼齢幼虫
(糞、孔道が観察され、一部は卵)

7月18日—幼虫は長さ4-5mmに成長

7月30日—脱出済みの虫こぶだけ

図85 ニシキウツギハコブフシの成長のようす。葉裏側から実物の虫こぶをコピーしてその輪郭を写しとったもの。全て実物大。日付は観察の月日。

成熟した虫こぶは長さ約10.5mm，最大部分の幅約4.6mm，厚さ約2.9mmで，多くは扁平な腎臓型。その凹部（直線に近い方）は葉脈側に接することが多い。1葉に1-4個の虫こぶが見られるが1個のものが多い。主脈に対しほぼ対象的な位置に2個の虫こぶが見られることがあるが，産卵時の行動などから考えると，同一の雌によって産卵されたものと思われる。また，通常の大きさの虫こぶの半分にも達しない未発達の虫こぶがある（図84下段）。6月の段階で調べたところ，いずれも卵が発見できなかった。何らかの理由で産卵が中断され，分泌物の量が少なかったためであり，卵が産みつけられないためではないと思う。

幼虫は，6月下旬-7月上旬にかけて，初めは虫こぶの内部に坑道をつくりつつ食べ進む。後に虫こぶの内壁を不規則に食べ，内部に糞を残す。7月中旬-8月上旬，1.5mmほどの小孔を開けて脱出する。恐らく地表近くの地中でまゆをつくり越冬するものと考えられる。

8. 日本の野生イチジク類とコバチ類

日本にも野生イチジク類(*Ficus*)が分布しており，関東地方南部にはイヌビワとイタビカズラなどが見られる。南に行くにつれ，ヒメイタビ，オオイタビ，アコウなどが見られるようになり，南西諸島ではガジュマルなどさらに多くの種類が見られる。そして基本的には，特定のイチジク類には特定のイチジクコバチ類が花粉を媒介し，共生関係を維持している。そして，囊果をめぐって寄生，寄居など複雑なやりとりが展開しているが，その実態はコバチ類の分類をも含めて"霧の中"というのが現状であろう。

イヌビワ

日本の野生イチジク類で，コバチ類との関係が最もよく調べら

れているのはイヌビワであろう。イヌビワとイヌビワコバチ［*Blastophaga nipponica*］との関係は岡本素治（1976；1981など）や田代貢（1981）によって詳細に調べられた。

　房総半島南部の林縁にはイヌビワが多く見られる。冬に直径10mm前後の嚢果をつけている株の多くはいわゆる雄株で，嚢果を割ってみると虫こぶ果と枯れた雄花が見られる（図86）。たとえば11月末に嚢果をつけていた株のうち，発育中の種子を含む嚢果をつけていた2株（雌株）に対し，雄株は7株であった。雄嚢果からは，黒色のイヌビワコバチ（雌）とそれに寄生するとされている産卵管の長いイヌビワオナガコバチ［*Goniogaster inubiwae*］（雌）が見られる。雄はともに茶褐色で翅が退化しアリかノミのようにも見える奇妙な形をしている。

　イヌビワコバチの雌は，冬でも暖かい日には嚢果から脱出することがあるが，侵入するのに適当な若い嚢果がないので，多くは無駄に死んでしまう。

　春になると若い嚢果が次々に育ってくる。このころ，イヌビワコバチの雄が先に羽化し，雌のいる虫こぶを噛って孔を開け，腹端を腹側に曲げて長く伸ばして交尾する。虫こぶから脱出した雌は，嚢果の入口付近にある雄花の花粉にまみれて，ゆるくなった鱗片を押し開いて脱出する。千葉県の清澄山で8時ごろに脱出するのを観察したことがあるが，翅を立て，肢で翅や腹部をしごく。この行動は腹部末端腹面の溝に花粉を詰め込むためだという（田代，1981）。

　若い嚢果に飛来した雌のイヌビワコバチは，重なっている鱗片部の間にもぐり込む。この時に触角第3節の外向きの突起が役立つ。しかし，いつでもうまくいくとは限らない。鱗片の間にはさまったまま死んでいるのもよく見かける。

　若い嚢果だと内部の空間が広く，ここで産卵行動をおこなっている間に受粉される。侵入したのが雄嚢果（未熟の雄花と柱頭の

第3章　虫こぶ観察ノートから

雄しべ

脱出後の虫こぶ

花被片

雄花は3-5個の花被片と1-3個の雄しべからなる

♂

♀

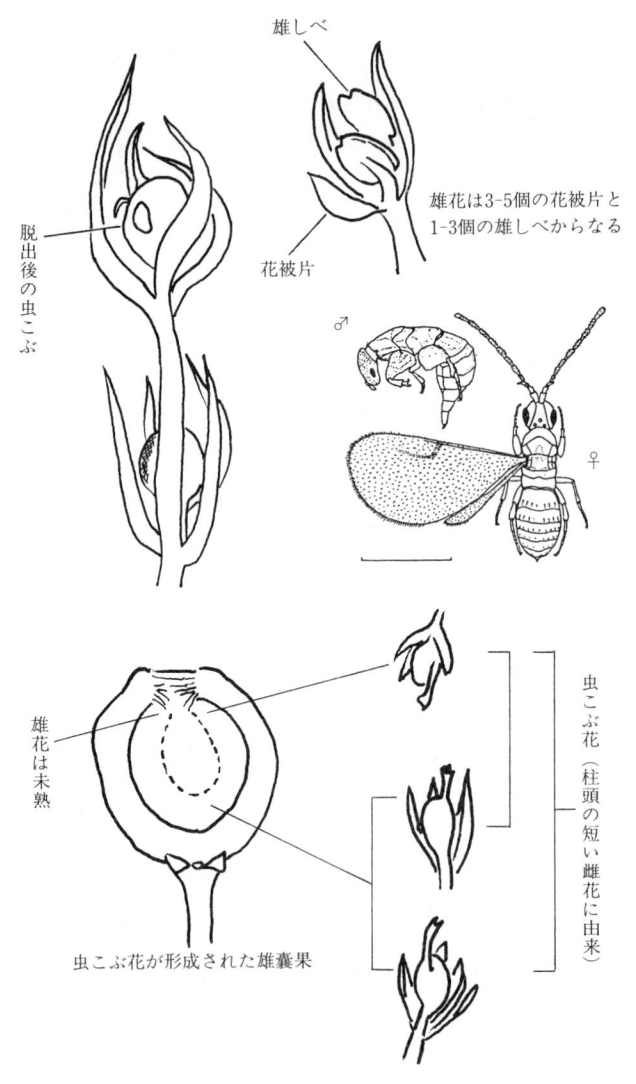

雄花は未熟

虫こぶ花が形成された雄嚢果

虫こぶ花（柱頭の短い雌花に由来）

図86　イヌビワの雄嚢果（虫こぶ果）に見られる虫こぶ花や雄花のスケッチ。イヌビワコバチの雌雄の図は田代，1981より（スケールは1mm）。

短い雌花—虫こぶ花を含む）なら，産卵管はうまく胚珠に達し，産卵された雌花の子房は虫こぶになり，再びイヌビワコバチが誕生する。

　もし，雌嚢果（柱頭の長い雌花を含む）なら，産卵がうまくいかず，受粉した雌花は虫こぶにならず，種子をつくる。

　イヌビワコバチは，この2種類の若い嚢果を区別できずいわば"誤る"ことによってイヌビワとの共生関係が維持される。つまり，イヌビワコバチが雄嚢果のみを選択して侵入すれば，虫こぶはできるが種子はできないので，いずれイヌビワは絶えてしまう。逆に雌嚢果のみを選択して侵入するなら，種子はできるがイヌビワコバチの子孫が絶えてしまうというわけである。

　イヌビワの，もともと分布北限に近く，加えて都市化や開発の進んでいる関東地方で，このような共生関係を維持することはきびしい。イヌビワ，イヌビワコバチの両者が共存しなければ分布を維持，拡大できないからである。にもかかわらず結構がんばっているというのが実感である。

　皇居内，東京大学赤門わき，東京信濃町の高速道路わき，渋谷の氷川神社など各地のイヌビワの嚢果を調べたところ，予想以上にイヌビワコバチや，しいなではないと思われる種子を含んでいた。調べたものでは，少なくとも種子の大部分には胚が見られたのであった。ただし，いずれの嚢果をもつけていない株もある。

　あらためて，東京都内でもかつてはかなり濃密にイヌビワが分布していたらしいことや，鳥による種子散布力の大きさを感じた。ただイヌビワの個体数が少なく，隔離的に分布しているため，種子株（雌嚢果をつける），虫こぶ株（雄嚢果をつける）の嚢果生育のタイミングのずれも目立つ。マークしておいた1本のイヌビワでは，越冬果（雄嚢果）が成熟してイヌビワコバチを脱出させたが，いわゆる夏にコバチを"増幅"するサイクルが観察できず，次の越冬果も生じなかった。南国を舞台にして成立した共生シス

テムを，それなりに修正しながら関東地方まで進出したイヌビワであろうが，やはり危ない橋を渡っているようだ。がっちりした共生システムをつくりあげたことが，かえって自分の首を締めあげているような気がする。残る道は栄養生殖だが，これはちょっと……。

　イヌビワの虫こぶ果からは，イヌビワコバチの他にもう1種，産卵管の長いイヌビワオナガコバチが羽化してくる。イヌビワコバチとは科が異なる。
　イヌビワオナガコバチの雌は，雄嚢果のみを選択して，嚢果の外壁から長い産卵管を挿し込んで産卵する。そのため，雄果嚢から脱出する際に花粉を体表に付着させることはあっても，花粉の媒介には関与しない。雄はイヌビワコバチの雄のそれよりも大きな大顎を持ち，頭部もよりがっちりしている。このことにどんな意味があるのかはよくわからない［注3］。
　後述のガジュマルやアコウにも共生関係を持つコバチと，それ以外のコバチ類が何種も見られる。しかし，イヌビワからはイヌビワコバチ，イヌビワオナガコバチの他には，今のところ寄生性のコバチを1種得ているだけであり，ガジュマルのそれにくらべれば，虫こぶをめぐる蜂の関係も単純であろう。

アコウ，ガジュマルなど

　アコウは長崎のものと吉田元重さんからいただいた和歌山県由良町のものを調べた。それらはいずれも，雄花，虫こぶ，種子を一つの嚢果に含むものであった（図87）。花粉を媒介するアコウコバチ［*Blastophaga ishiiana*］の他に少なくとも2種が認められたが，アコウコバチとの関係は明らかでない。アコウの嚢果からとして，石井（1934）は *Otitesella ako*, *Acophila mikii* の2種の蜂を記載しているが今のところうまく同定できないでいる。

第3章 虫こぶ観察ノートから　　　　　　　　　171

直径 0.5 mm の脱出孔

嚢果

雄花, 雌花, 虫こぶ花が混在する

雄花

コバチ類の蛹

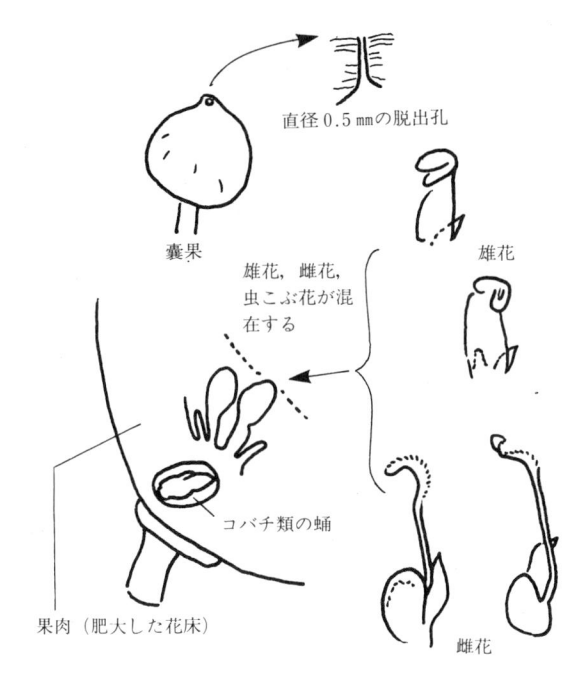

果肉（肥大した花床）

雌花

図87　ガジュマルの嚢果のスケッチ。

　知人などから南西諸島産のガジュマルの嚢果をいただいて調べたことがある。また，鉢植えとして市販されているものや，各地の熱帯植物園やジャングルパークというような所の嚢果を調べた。ガジュマルコバチ [*Euprista okinavensis*] やガジュマルオナガコバチ [*Goniogaster gajumaru*] の他，多彩なコバチ類，タマバエ，線虫が見られた（図88）。石井（Ishii, 1934）は，ガジュマルの嚢果に関係するコバチ類として，前述のコバチ類の他に *Philotrypesis*, *Otitesella*, *Eufroggatia*, *Odontofroggatia* といった属のものを記載した。しかし，さらに多数のコバチ類が見られる

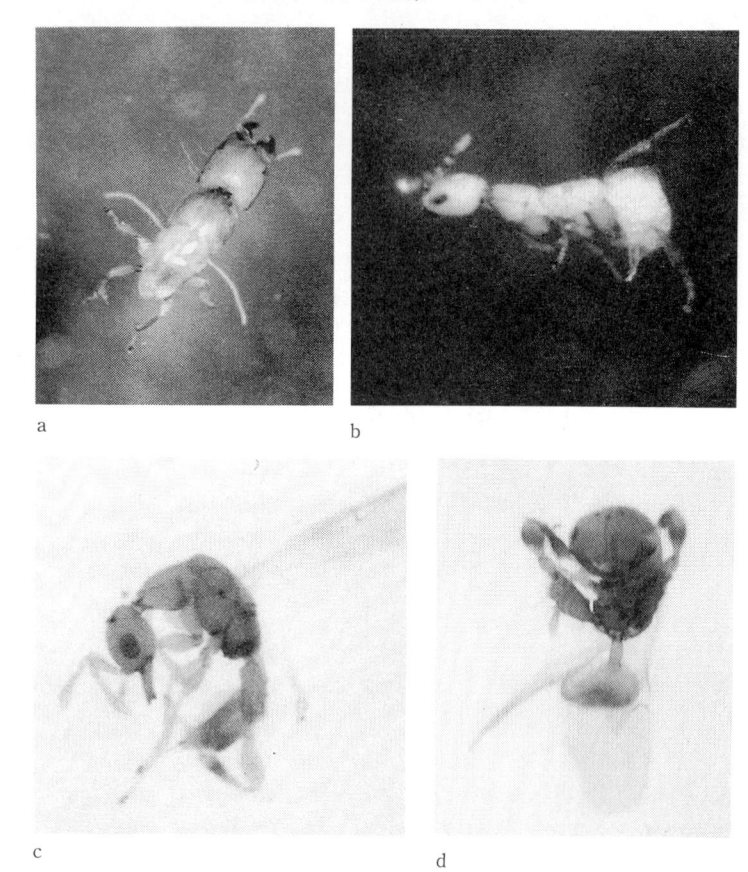

172　第3章　虫こぶ観察ノートから

図88　ガジュマルの囊果から得られたコバチ類（寄生性のものが多いと思われる）。a　糸状に退化した前翅を持つ個体，b　無翅の個体，c　細長い大顎を持つ個体，d　大きな頭と基節の大きい肢を持つ個体。

と推定される。図88の奇妙なコバチ類の"形"は何を示しているのだろうか。この小指の先ほどの囊果の中で，共生，寄生，寄居，競争など，複雑な生きざまが展開されているのだろう。たとえば，日本各地のいわゆる"熱帯"植物園の定番となっているガジュマ

ルから *Odontofroggatia* に属すると思われるコバチを得たことがある。これに近い仲間は嚢果内で，イチジクコバチ類と競争して虫こぶをつくるという。また嚢果の内壁にコバチ類の蛹(さなぎ)を見たことがあるが，これは植物食性のものであろう（図87）。

前述以外のイチジク属ではイタビカズラに *Blastophaga callida*，オオイタビに *B. pumilae* が花粉媒介者と共生関係にあることが知られているが，いまだにこのようなイチジクコバチ類を得ていない。

9. ヤブコウジクキコブフシ

千葉県の鋸山を3月に訪れた。タイミンタチバナの枝の側方がこぶ状にふくれた（6.5×4.0mm）虫こぶを見つけた（図89）。1

図89　タイミンタチバナエダコブフシ。　　図90　ヤブコウジクキコブフシ。

枝しか得られなかったので,あまり調べることができず,タマバエによる虫こぶだろうと思っていた。しかし,5月初旬にタマバエではなくヒメコバチの1種(*Tetrastichus* sp.)が数十頭羽化し,しかしそれらはすべて雌であった。

一方,ヤブコウジの茎にもこぶ状の虫こぶがあるのに気づいた(図90)。こちらの虫こぶの方は,矢野(1964)がヤブコウジクキコブフシとしたものと同じものと思われ,虫こぶをつくるのは石井(Ishii, 1931)が長崎産のもので記載したヤブコウジタマヒメコバチ[*Tetrastichus ardisiae*]と考えていた。

ところが各地から得たヤブコウジクキコブフシから脱出してくる蜂は1種類ではなく2種類であり,ともに *Tetrastichus*(ヒメコバチ科)に属することがわかった。

これらのコバチをA,Bとして羽化した記録を整理すると別表(表15)のようになる。

このうち,*Tetrastichus* Bとしたものが石井(Ishii, 1931)の記載に一致する。上条一昭先生に同定をお願いしたところ,タイミ

表15 ヤブコウジクキコブフシからの羽化蜂

虫こぶの採集地 [採集年月日]	羽化年月日	
	Tetrastichus A	*Tetrastichus* B
高麗(埼玉県) 1980/11/ 2(*)	1980/12/25(4雌・1雄) 1981/ 3/25(1雌) 1981/ 4/ 1(4雌)	1980/12/25(1雌) 1981/ 3/10(1雌)
郷台畑(千葉県) 1980/11/27	1981/ 1/ ?(2雌)	1981/ 1/ ?(7雌)
八王子城址(東京) 1981/ 4/28(*)	1981/ 9/10(2雌・1雄) 1981/ 9/20(2雌) 1981/10/15(3雌) 1981/10/17(1雌) 1982/ 1/10(1雌)	1981/ 5/23(2雌) 1981/ 5/30(4雌)

(*)根ごと採集して鉢植えとした。

ンタチバナの虫こぶ（タイミンタチバナエダコブフシ）からのものも *Tetrastichus* B としたものと区別できないことがわかった。

両者の虫こぶとも形や構造が似ており，しかも同じヤブコウジ科に属している。今までのところ，コバチ以外の昆虫が虫こぶから脱出しないので，ヤブコウジクキコブフシ，タイミンタチバナエダコブフシの虫こぶ形成者は *Tetrastichus* B とした *Tetrastichus ardisiae* Ishii と考えてよいと思われる。本当に *Tetrastichus* B によって虫こぶがつくられるか，*Tetrastichus* A は *Tetrastichus* B の寄生者なのかを確かめるために，*Tetrastichus* A, *Tetrastichus* B を別々にヤブコウジに産卵させようとしたが結果はうまくいかなかった。

Tetrastichus に属するコバチの大部分は虫こぶをつくるタマバエなどに寄生し，虫こぶをつくったり，茎の内部を食べたりする植物食性のものは少ない。700種以上もあるうちの数種の少数派である。

Tetrastichus に属する蜂には面白いものがある。たとえば，アメリカでハマアカザ類のタマバエ（*Asphondylia*）による虫こぶの中に，さらに"内部虫こぶ"をつくって，植物組織を食べて育つもの（*T. cecidobroter*）が知られている（Narendran, 1984）。この蜂は内部虫こぶの成長による機械的な圧力で，結果として寄主のタマバエ幼虫を殺してしまうという。

もちろんタマバエの虫こぶにだけ内部虫こぶをつくり，その虫こぶの組織を食べ，タマバエの虫こぶそのものを食べるのではない。その意味で普通の虫こぶの寄居者とは少し異なっている。内部虫こぶをつくるのを"やめて"しまえば，寄居者といえる。

Tetrastichus A とした方にも多少問題がある。もし虫こぶ形成者の *Tetrastichus* B に1対1で寄生するなら *Tetrastichus* A の方が食物連鎖上小型になるはずである。ところが *Tetrastichus* A の方が *Tetrastichus* B よりも少しばかり大きいのが気になる。

Tetrastichus A は *Tetrastichus* B に寄生するのだが，不足した栄養分は *Tetrastichus* B のつくった（！）虫こぶの内壁でも食べているのだろうか。そうだとすれば動物食性と植物食性を併用することになる。

このような幼齢期に寄生生活，そして寄居生活になるというのは，カタビロコバチ科のエウリトマ属 *Eurytoma* などにはよく見られることである。

そして，このことはいずれ，完全な植物食性へとつながるのかもしれない。

このように，ヤブコウジをめぐるコバチ（*Tetrastichus*）の生活には未知なことがたくさんある。そしてもう一つ気になることがある。調査した個体数が少ないので何ともいえないが，*Tetrastichus* B（*T. ardisiae*）が雌だけである点である。ただし雄のいない可能性はかなり低いと思わざるをえない。今のところ *Tetrastichus* では 1 種ぐらいしか，雌だけを産む例が知られていないからである。

とりあえずの願いは，誰かが早く *T. ardisiae* のよい伴侶（雄）を見つけてやって欲しいということである。

10. アオカモジグサクキコブフシ

ある年の 8 月，運動クラブの合宿で茨城県波崎(はさき)で数日を過ごしたことがある。早朝の体操を宅地造成中の空地でおこなった。固く乾き，ひび割れた地面のところどころにイネ科の植物が見られたが，茎だけ残して葉はすっかり枯れていた。茎の一部がところどころふくれてこぶ状になっているのに気づき，割ってみたところ，幼虫（2 種）と黒くなった蜂の蛹が見られた（図91）。

イネ科の茎の虫こぶということで，*Tetramesa* sp.（カタビロコバチ科）によるのではと考え，虫こぶのある10本ほどの茎と，折

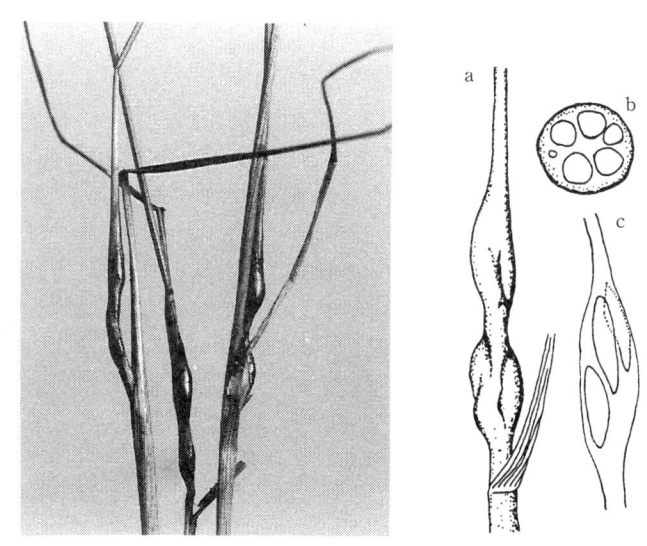

第3章 虫こぶ観察ノートから　　　　　　　　　　　177

図91 アオカモジグサクキコブフシ。スケッチは，a 外観，b 横断面，c 縦断面。

れて落ちていたイネ科植物の穂を拾って帰った。

　寄主の方は葉も花もないので，枯れた穂と種子を双眼実体顕微鏡で分解しながら調べ，アオカモジグサであろうということになった。さらに埼玉県の浦和で，緑色の穂のある株を見つけたので照合してこれを確かめた。

　一方，虫こぶからは8月末にかけて次々にコバチが脱出してきたが，お目あての *Tetramesa* はさっぱり出てこなかった。出てきたのは，

　① *Homoporus* sp.（コガネコバチ科）23（♀），13　（♂）
　② *Eurytoma* sp. A（カタビロコバチ科）4　（♀）
　③ *Sycophila* sp.（カタビロコバチ科）2（♀），1（♂）
　であった（薄葉，1981c）。

　そのまま室内で様子を見ていたところ，冬を過ぎ3月中旬になって次のように待望（！）の *Tetramesa* に属する蜂と，昨夏とは

別種のカタビロコバチが羽化してきた。

　④ *Tetramesa* sp.（カタビロコバチ科）3（♀），1（♂）

　⑤ *Eurytoma* sp. B（カタビロコバチ科）14（♀），8（♂）

　これで日本にもイネ科に虫こぶをつくる *Tetramesa* がいることが確かめられ，しかもかなり複雑な寄生者複合体をつくっていることが明らかになった。

　外国での例からして，*Tetramesa* が虫こぶ形成者であることはまず確かであろう。しかし，他の4種の蜂とはどう関係しているのだろうか。

　①の *Homoporus* は *Tetramesa* にも寄生することが知られている。また③は，*Tetramesa* に寄生する *S. mellea* に近い種である（上条一昭氏私信）ということで，ともに *Tetramesa* に寄生すると考えてよいと思う。

　問題は②と⑤の *Eurytoma* に属する2種の蜂である。*Tetramesa* の寄生者であるかもしれないが，発育後期には虫こぶの（植物）組織を食べている可能性もある。

　というのは，北アメリカでコムギの茎に虫こぶをつくる *Tetramesa tritici* に寄生する *Eurytoma parva* は，1-2齢幼虫を食べつくすと植物食に切り換えるからである（Narendran, 1984）。

　このため，ここでの *Eurytoma* を，単純に *Tetramesa* の寄生者とするわけにはいかない。さらに確かめる必要がある。次の夏に訪れたら，"現地"は工事中で，残念ながら虫こぶを発見できなかった。

　Tetramesa に属する蜂は，旧ソビエトから北アメリカ，メキシコに広く分布し，イネ科植物に虫こぶをつくるものが多い。その幼虫は，"joint worm, straw worm" と呼ばれ，かつてはコムギなどの作物の害虫とされていた（Claridge & Dawah, 1994）。

　虫こぶ形成による直接の収量減とともに，虫こぶ付近が硬く，もろくなり風で穂が折れやすくなることが被害を増しているとい

う。また，北アメリカでコムギに *Tetramesa* に属する蜂が大発生したことがあり，この麦わらをマットレスにしたところ，春に蜂が成虫になり，寝ている人が刺されたという話がある。虫こぶをつくった蜂ばかりでなく，それの寄生蜂も"一刺し"をやったにちがいない。

殺虫剤の使用などで，作物での害は減ったが，牧草に対する害はまだまだあるという。

日本でのこの仲間による虫こぶについて，今まではっきりした記録はないように思われる。カモジグサ類の分布も広いし，虫こぶも葉鞘をはげば，認めやすい。寄生者が少なくとも4種類見られたことは，かなり"古く"からの"住民"と想像される。それにもかかわらず，今まで記録がなかったことは，単に見落としていたためであろう。もっと"細もの"——一部の植物愛好家の，イネ科植物に対する愛称（！）——に注目しよう。そうすればあちこちから，この蜂による虫こぶの記録が増えることだろう。

波崎が競馬のトレーニングセンターに近いとはいえ，この蜂やその寄生蜂が，競馬用の干草とともにアメリカからやって来たということには，万が一にもならないだろうから。

11. ヨシメフクレフシと寄生蜂

秩父山地を源流とする荒川の川沿いにはヨシ原が広がっている。その多くはグラウンド，ゴルフ場に姿を変えているが，水位の低い所にはまだまだヨシが見られる。

ヨシには古くからヨシノメバエと呼ばれる，大型のキモグリバエが知られていた（加藤正世，1936；加藤謄太，1948など）。両方の加藤先生からは，"虫"の手ほどきを受けたこともあり，高校時代からヨシノメバエの話を聞いていた。たとえば，このハエを最初に発見されたのは，栃木県の植物の研究で著名な関本平八氏であ

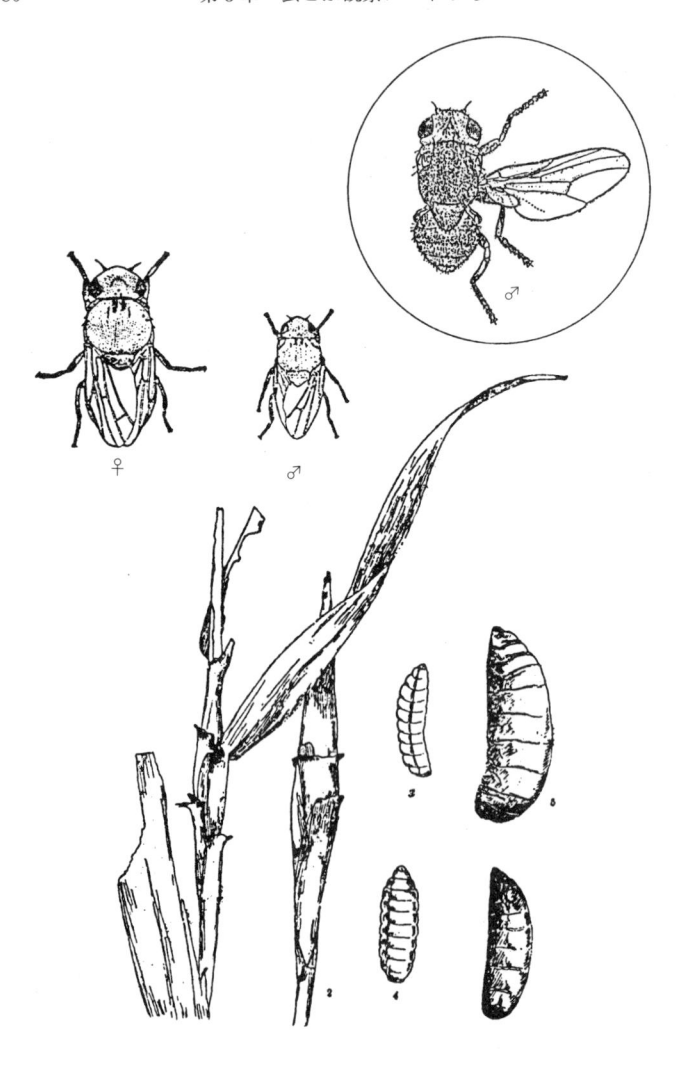

図92　ヨシメフクレフシとニホンヨシノメバエと見られる図(加藤, 1948a より)。
円内は参考図「ニホン(オオ)ヨシノメバエ」(上宮, 1966より)。

ることや，栃木県大田原付近の虫こぶからのハエを，加藤正世先生が東京都練馬区の石神井公園に放したことなどである。

また，私たち高校生の手づくり同好会誌であった『インセクト』（1-4）にも，加藤謙太先生の，『新昆虫』に発表された（1948）ものと同じ図を付した「ヨシノメバエの羽化」という一文がある（図92）。しかし，特別に気にすることなく過ぎていた。やがて浦和に住むようになり，荒川べりの秋ヶ瀬や見沼たんぼに出かけるようになってから調べはじめた。

浦和や行田付近で普通に見られるのは，ニホン（オオ）ヨシノメバエ [*Lipara japonica*] とヒメヨシノメバエ [*L. rufitarsis*] であり，ニホンヨシノメバエの方がより湿ったところのヨシに虫こぶをつくる傾向がある。

両種とも，茎の先端部からもぐった1頭の幼虫が，ヨシの茎を数節にわたって短縮肥大させ，1個の虫こぶをつくる。多くは夏の終わりには成育を完了してしまうらしく，秋に採集した虫こぶからも，春にはちゃんと成虫が羽化してくる。

両種とも北海道から本州，四国，九州に分布し，ヒメヨシノメバエの方はさらに北ヨーロッパにまでと分布範囲が広い（上宮，1981；Kanmiya, 1982）。

冬にヨシの虫こぶを調べると，ニホンヨシノメバエのそれの方が大きいし，10-11月にすでに囲蛹になっている。それに対し，ヒメヨシノメバエの方はまだ老熟幼虫のままである。ニホンヨシノメバエの蛹の休眠の方が破れやすいようで，10月15日に羽化した記録（雌1頭）が手元にある。

このようなヨシノメバエ類（*Lipara*）では雄の成虫が枯れたヨシの茎を，各種ごとに違ったパターンでゆすって，雌に信号を送ることが配偶行動のきっかけになることでも有名である（上宮，1981など）。

ヨシノメバエ類の虫こぶを探すには，ヨシ原で他のヨシよりも丈

が低く，先端部に葉や葉鞘部が寸詰まりの状態になっているのに注目する．もしそれが虫こぶであったなら，その虫こぶのあった高さに視線を定め，横に移動していくと探しやすい．

ヨシノメバエ類の虫こぶからのハエや寄生蜂類を調べるには，虫こぶの外側の葉や葉鞘をすべて取り除いて，1個ずつ透明なフィルムケースに入れておくとよい．ヨシノメバエ類の羽化脱出を容易にすることと，葉鞘の間にビワコカタカイガラモドキなどのカイガラムシが成育していることがあり，これからの寄生蜂をヨシノメバエ類からのものと誤る恐れがあるためである（図93, 100）．

ニホンヨシノメバエによる虫こぶから脱出したニホンヨシノメバエやヨシノメバエコマユバチ[*Polemochartus nipponensis*]，ヨシノメバエコガネコバチ[*Usubaia liparae*]の例を図で示しておく（図94）．

図を見ると秋ヶ瀬（A）と木曽呂（B）とで，ヨシノメバエコマユバチとヨシノメバエコガネコバチの寄生率にかなりの差がある

図93 ニホンヨシノメバエの虫こぶと囲蛹．

図94 ニホンヨシノメバエによる虫こぶへの寄生率(調査年：1981)

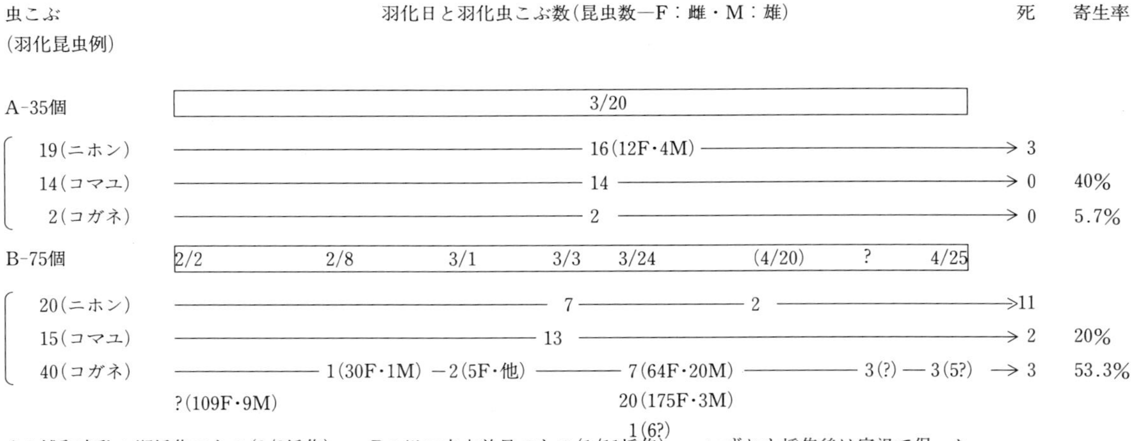

虫こぶ (羽化昆虫例)	羽化日と羽化虫こぶ数(昆虫数—F：雌・M：雄)	死	寄生率

A：35個

```
              3/20
A {  19(=ホン)  ——————— 16(12F・4M) ———————————→ 3    40%
     14(コママユ) ——————— 14 —————————————————————→ 0    5.7%
     2(コガネ)   ——————— 2 ——————————————————————→ 0

            2/2     2/8    3/1    3/3    3/24        4/25
B {  20(=ホン)                              (4/20)   ?
     15(コママユ)          —— 7 ———————————————————→11   20%
     40(コガネ)    ——— 1(30F・1M) —2(5F・他) — 13 —— 2 — 3(2)—3(5?) →3  53.3%
                                            7(64F・20M)
     ?(109F・9M)                             20(175F・3M)
                                            1(6?)
                                            (1/11採集)
```

A：浦和市秋ヶ瀬採集のもの(2/8採集)　B：川口市木曽呂のもの(1/11採集)　いずれも採集後は室温で保った。
ニホン：ニホンヨシノメバエ　コママユ：ヨシノメバエコマユバチ　コガネ：ヨシノメバエコガネコバチ
Bのコガネ(2/2)は、虫こぶを個別に分ける前に羽化したものであり、寄生率の算出から除外してある。
羽化昆虫の性別は、判明したもののみ掲げておいた。

が，その理由はよくわからない。いずれにしても寄生率はかなり高い。今日ではヨシの刈り取りや火入れなどがおこなわれず，放置されているためかもしれない。

　この段階ではヨシノメバエコマユバチの方にあまり注意しておらず，記録が散一してしまっている。残っていた標本の一部から *Polemochartus nipponensis* であることがわかった (Maeto, 1983)。黒色型と赤色型とあり，コマユバチとしてはかなり大型であり，最初はヒメバチ類と思い込んでいた。

　ヨシノメバエコマユバチの雌を双眼実体顕微鏡でのぞいていたら，大顎が外向きになっており，一瞬ピンセットで押しつぶしてしまったかと思った。それほどこの蜂の大顎は特異な形をしている（図95）。つまりこの大顎は外に開く時に"仕事"をするようにできていると考えられる。このヨシノメバエコマユバチが，ヨシノメバエのどの時期に，どのようにして産卵するのかまだ見ていない。

　がっちりした外開きの大顎で，ヨシの葉鞘を押し広げてもぐり込み，すでに虫こぶをつくりつつあるヨシノメバエの幼虫に産卵するのではと考えた。しかし，このヨシノメバエコマユバチは，ニホンヨシノメバエの囲蛹(いよう)の中で，冬のうちに幼虫-前蛹の状態になっている。5-6月に羽化してくる時期はヨシノメバエとあまり変わらない。ハエの幼虫が大きくなってから茎をもぐるのは抵抗

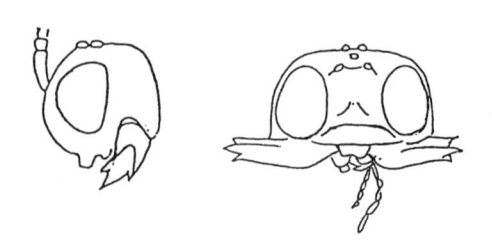

図95　ヨシノメバエコマユバチの頭部の側面図（左）と前面図（右）。

も多いし,蜂の方の待ち時間が長くなってしまう。疑ってもきりがないので,虫こぶのあるヨシの上方に孔を開けているヨシノメバエコマユバチの姿を夢見て,足を運んだが徒労に終わった。逆に,冬にヨシノメバエの虫こぶを調べて,ハチの侵入の跡を探したがこれも見つからない。それなのに,侵入の痕跡のない虫こぶから蜂が現われてきた。そうこうしているうち,この蜂が,ヨシノメバエコマユバチ(*Polemochartus*)とわかって,この問題はほぼ解決した。外開きの大顎にこだわりすぎていたため,解決がかえって遠のいてしまったのである。

この属のコマユバチは,ヨーロッパではその卵を寄主の卵に産みつける「卵—幼虫寄生者」である(Maeto, 1983)と記してあった。つまり,ハエの卵の中で,卵から孵化(ふか)したヨシノメバエコマユバチの幼虫は,そのまま発育を停止し,ハエの発育を妨害しないで過ごす。ハエの卵が孵化して幼虫となり,ヨシの茎の中にもぐり込み,成長点に達する。ハエの幼虫がもぐり込めば,蜂の親がもぐり込む必要はなかったのである。虫こぶがつくられ,ハエの幼虫が充分に成長して囲蛹(いよう)になるころ,つまり,餌資源が充分になったところで蜂は発育をはじめ,寄主のハエを食べつくすわけである(Mook, 1961)。このように,この蜂の仲間は,寄主の生活にうまく同調した寄生戦略を採用していることがわかる。

強力な外開きの大顎は産卵用ではなく,脱出用のものだった。一方,前下方を向いた大きな複眼は,葉鞘や葉に産みつけられた卵を発見するのに役立っていると思われる。ともあれ,日本のハエと蜂で,"形態有理"をぜひこの目で見たいものである。

ヨシノメバエコマユバチの方にあまり注意が向かなかったのは,ヨシノメバエコガネコバチの方が未記録の種類らしいということが早目にわかり,こちらの方の雄を集めようとしたためであった。ヨシノメバエコガネコバチと仮に名づけておいたこの蜂はその後,新属新種 *Usubaia liparae* として記載された(Kamijo,

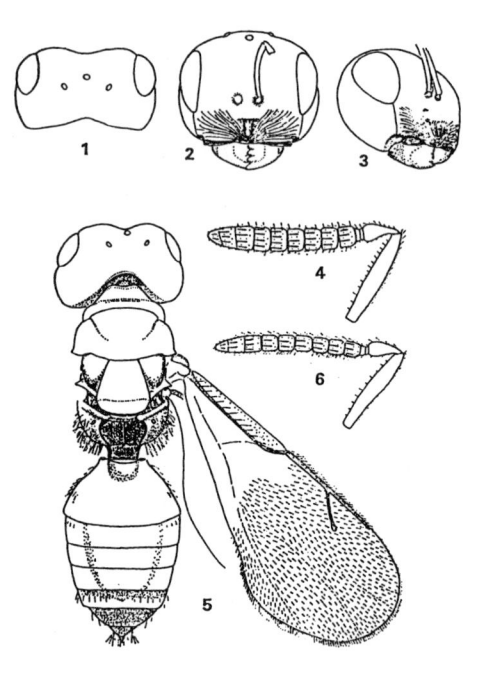

図96 ヨシノメバエコガネコバチ (Kamijo, 1983より)。1-5 雌，6 雄；1 頭部背面，2 頭部前面，3 頭部（前部下側方面観），4 触角，5 全身背面観，6 触角。

1983)（図96）。標本を集めてお送りしただけなのに，献名してくださるとは有りがたいことと思っている。体長3 mm前後の文字通り小蜂だが体色はブロンズ緑で，紫色に光りなかなか美しい。ニホンヨシノメバエの囲蛹から，春に10頭前後羽化してくる。図94Bのものは，羽化脱出したほぼ全部の蜂を含むので，性比はおよそ100（雌）：16.9（雄）となる。がっちりとした丸顔の頭部と大顎，平べったい胸部，短い触角も，葉鞘の重なった部分での移動に適していると思われる。残念ながらこちらの蜂の産卵行動も観察できないでいる。

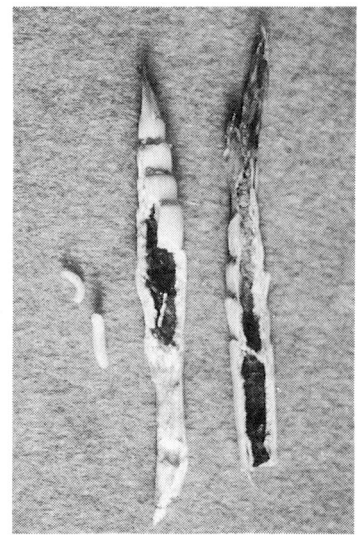

図97 虫こぶができているオギの茎（稈）の外観（葉鞘は除いてある）。右は，茎の中のようすとオギクキキモグリバエの幼虫。

12. ヨシのタマバエによる虫こぶ

　1994年，仙台での日本生物教育学会の大会の折り，伊豆沼のマガンのモーニングフライトを見るというエクスカーションに参加した。暗いうちに起きて，ガリガリに凍てついた雪の残る道を歩き，マガンの群が頭上を飛び過ぎるのを見送った。開氷部が3か所ほどに分断されたために，多少迫力不足だったが，充分に楽しませてもらった。その帰り道，仲間から遅れて刈り取られていたヨシなどから虫こぶを探した。東北地方からは，筆者がまだ得ていないキタヨシノメバエの虫こぶが記録されているからである。霜が真白についている，ヨシではない茎の先端に虫こぶがあり，葉鞘を取り去ったところ葉巻のようだった（図97）。その中には黄

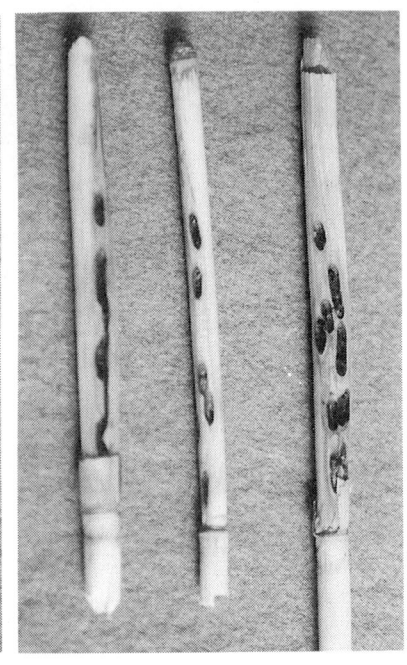

図98 ヨシの茎(稈)の内側に生じたタマバエの虫こぶ。

白色のハエの幼虫が見られた。

　しかし、ヨシからの虫こぶは今まで見ているニホンヨシノメバエとヒメヨシノメバエで、キタヨシノメバエのものと思われるものはなかった。それでも念のためと、宿舎で葉鞘を取り除いていたら、茎の表面に黒っぽい縦長の凹みに気づいた。茎を割ってみると中空の茎の内側に、米粒状の虫こぶができていた（図98）。どこかで見たことがあったような気がしたが、その時は思い出せなかった。

　帰ってから調べて見ると、黒い蛹の抜け殻の破片などからタマバエによる虫こぶとわかった。そして、どこかで見たことがあると思ったのは、大場秀章さん（東京大学総合研究資料館）から参

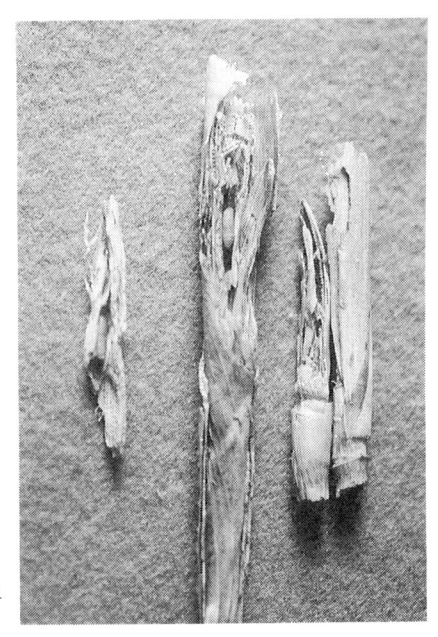

第3章 虫こぶ観察ノートから　　　　189

図99　キタヨシノメバエの虫こぶと囲蛹。

考にしてといただいた本（Skuhravá & Skuhravý, 1992）の中の写真とよく似た虫こぶだったからである。このチェコスロバキアのヨシにつく, *Giraudiella* に属するタマバエによる虫こぶに構造などがよく似ているのである。その論文の最後には, ヨシはほぼ全世界的に知られているのに, ヨシからのタマバエはヨーロッパからだけ知られているとあった。

しかし, どうも写真ではなく"実物"を見たよう気がしてならない。ヨシの虫こぶを探したことのあるのは埼玉県の行田, 秋ヶ瀬, 木曽呂など数か所にすぎない。ということで最も近い秋ヶ瀬公園（浦和市）にまず自転車で出かけてみた。サクラソウの保護地の近くの, 細くて貧弱なヨシの葉鞘を取り去ってみたら, すぐに, 伊豆沼のとよく似た米粒状の, 茎の内側にふくれ出る虫こぶ

が見つかった。

　これらの虫こぶは大型のと小型のが区別され，それぞれ3月末－4月初めにタマバエが羽化してきた（室内飼育）。早速，湯川淳一先生に標本をお送りしたところ，上宮さんも同様なタマバエをすでにヨシから得られているとのコメントをいただいた。

　こうして，前述のいただいた本の中で，ヨシのある所にはこれらのタマバエが産するにちがいないという予言(?)が，まず日本で"当たった"ことになる。ただし，今の段階では *Giraudiella* かどうか，年1化なのか2化なのかもわからない。

　狙いが当たって気分がよくなれば，2月の寒い風もなんのその，あちこち歩き回る。ヨシの少し高めのところのふくらみが気になり，開いてみる。ニホンヨシノメバエやヒメヨシノメバエの虫こ

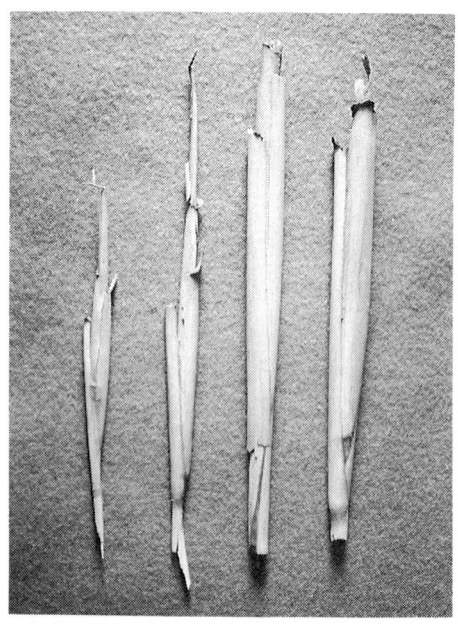

図100　ニホンヨシノメバエの虫こぶ（左の2本）とキタヨシノメバエの虫こぶ（右の2本）。

ぶと違って,全体がぼくぼくした感じで,囲蛹のまわりの硬い壁がはっきりしない(図99)。上宮さんに送って調べてもらったらこれがキタヨシノメバエ[*Lipara fligida*]の虫こぶだという(図100)。北海道,東北地方,本州の高地に産するという思い込みで,東北地方や日光に行って探そうとして,かえって近くのものを見落としてしまっていたことになる。

さらに伊豆沼での,葉巻型の虫こぶはオギクキキモグリバエによるオギクキフクレフシであることがわかった。これも同じ日に秋ヶ瀬の荒川べりで見つけることができた。

こうして,伊豆沼で得ようとしたキタヨシノメバエの虫こぶ,たまたまそこで得たヨシの茎の内側にできる虫こぶとオギクキフクレフシの3者は,全て近くの秋ヶ瀬で見られることがわかった。

見ていても,見ようとしないと見えてこない。ありのままに見るということが何とむずかしいことかがよくわかる。「自然から学べ,だけど本も読め」との,大学での恩師丘英通先生のお言葉を今さらながら思い起こす。

13. ハリオタマバエ類

ハリオタマバエ類は,世界に250種以上も記載されており,互いによく似ているため,成虫の形態的特徴だけでは区別困難なものが多く,幼虫の寄主となる植物の違いによって,一応別種とされることが多い。虫こぶ内で蛹になり,半身を外に出して羽化するので,幼虫が地中に落ちて越夏,越冬する他のタマバエ類よりは成虫を得やすい。1つの属のタマバエが,1つの科の植物に虫こぶをつくる例もあるが,ハリオタマバエ属では多くの科の植物にわたって虫こぶをつくる。日本では約17種のハリオタマバエが15科25属の植物に虫こぶをつくっている。そのうち,関東地方では12種の虫こぶを見ているが,その中で"つき合い"の深いものを

取り上げて，謎解きならぬ謎深めをやってみようと思う。

キヅタツボミフシ

　房総半島の清澄山から本沢林道を下って，坂本の集落に近づくあたり，エノキの枝から垂れ下がっているキヅタにはびっしりと果実がついている。球形の果実に混じって，果実の3倍も大きいラグビーのボール状にふくれた虫こぶを見つけた。虫こぶの大部分は海綿状といおうか，ふかふかしていて，内部は1室，1幼虫が見られる。虫こぶの先端を調べると雄しべが残存しているので，蕾のまま変形肥大したものと思われ，キヅタツボミフシと仮に名づけることにした(薄葉，1977：1981a)（図101）。5月にこの虫こぶから羽化したのはタマバエで，針状の産卵管や雄の外部生殖器の特徴などからハリオタマバエ属［*Asphondylia*］のものとわかった。浦和などにはキヅタの果実が少し変形するキヅタミフシがあるが，キヅタツボミフシはまだ見かけない。2種の虫こぶをつくるタマバエは，よく似ており同種と思われるが確証はない。同種だとすると形の違いがどのようにして生ずるのか，単に産卵する部位の差によるものか，これもよくわからない。キヅタツボミフシはその分布状況もよくわかっていない。その後，修学旅行先である九州の平戸や長崎でも見かけており，九州から本州南岸に広く産すると思われる。

　キヅタツボミフシからのタマバエ（*Asphondylia* A)は，4月末から5月にかけて羽化する。しかし，キヅタの花が咲くのは秋の終わりである。蕾なり，果実に産卵するとすれば，夏を中心とする約5か月間，タマバエはどこでどんな生活を送っているのだろうか。

シラキメタマフシ

　神奈川県の大山（おおやま）に登った。阿夫利（あふり）（雨降）神社のせいか帰路は

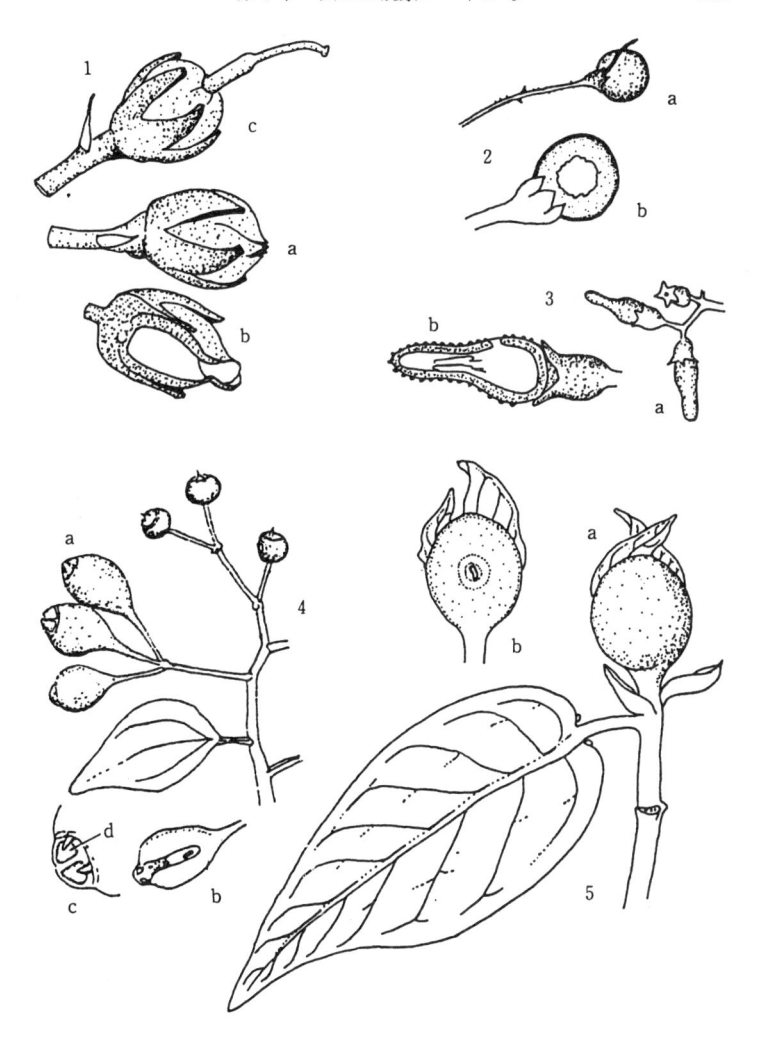

第3章 虫こぶ観察ノートから　　　　　　　　　　193

図101　いろいろな虫こぶ。1 アセビツボミトジフシ，2 ヤブコウジミフシ，3 ヘクソカズラツボミホソフシ，4 キヅタツボミフシ，5 シラキメタマフシ；a 虫こぶの全形，b 虫こぶの断面，c 正常な果実，d 虫こぶに残る雄しべの痕跡。

雨になった。男坂(おとこざか)の途中でシラキの芽に球状の虫こぶを見つけた。黄白色‐緑白色で，直径15mmにもなる。内部には1つの部屋があり，1幼虫が見られる(薄葉，1979b)。今までに見たタマバエの虫こぶの中ではいちばん大きい。この肉厚の虫こぶを，たった1匹のタマバエ幼虫が利用するというのは資源の無駄使いであり，もったいない気がする（図101）。

このシラキメタマフシは京都からも得られている（伊藤修四郎，1961年6月）というが，今のところ分布地は少ない。このタマバエ（*Asphondylia* B）は5月に成虫となり，年1化性と考えられる。とすると，このタマバエも夏をどう過ごしているのだろうか。細長い産卵管で，来春のために準備されるであろう芽の中に卵を産みつけてから死ぬのであろうか。このタマバエ（成虫）の生きているうちに，シラキの越冬芽が形成されれば，その可能性はあるのだが。

　　　　　　ヘクソカズラツボミホソフシ

ヘクソカズラと，いささか下品な名前がつけられているが，その花には絵心をくすぐられる何かがある。花や蕾を見ていて，2種の虫こぶを見つけた。1種は，蕾や（時に果実）をあまり変形させない虫こぶ（ヘクソカズラツボミホソフシ）で，ここから直接1頭のハリオタマバエ属のタマバエ（*Asphondylia* C）が羽化してくる(図101)。他の1種は蕾が球状に変形し，ヘクソカズラツボミマルフシとして区別したもの(薄葉，1979b)で，こちらの虫こぶからは数匹の幼虫が脱出し，地中に入り，ここから羽化する。こちらはハリオタマバエ属のものではないタマバエによる虫こぶである。

ヘクソカズラツボミホソフシからのタマバエは，ヘクソカズラの花期が長いので，数世代を繰り返すことができよう。しかし，いずれ秋になり，好適な産卵場所はなくなる。葉も落ちて，つる

だけが残る。そのつるに越冬芽がついていても、花芽ができるのは春になってのことだろう。このタマバエも冬の過ごし方がわからない。

ヒイラギミミドリフシ

5月の連休に埼玉県武蔵嵐山(むさしらんざん)付近を歩いた。細い道のべの、くずれかけた社(やしろ)のわきに、あまり元気のないヒイラギが1本あった。黒紫色の果実に混じって、緑色部の多い、やや小型のものを見かけた。割ってみると種子はなく、1匹のタマバエ幼虫が見られた。枝ごと持ち帰ったら、やがてタマバエが羽化し、ハリオタマバエ属（*Asphondylia* D）であることがわかった。

ヒイラギの果実からのタマバエ（ヒイラギミフシタマバエ）は、古くから知られていた（門前, 1937）が、その学名 *Lestremia osmanthus* その他については疑問があった（素木, 1954）。その記載からタマバエではなく、他の科（クロバネキノコバエ科 Sciaridae）のものではないか（Koizumi, 1962）との指摘もあった。今回得られた成虫によって、ヒイラギミミドリフシはハリオタマバエ属によることが明らかになった（薄葉, 1980b）。8月に5雌が羽化したという（門前, 1955）から、恐らく飼育の途中で容器のすき間などから侵入したものに由来する成虫を、虫こぶ形成者と誤認したものと思われる。犯しやすい誤りの教訓として、肝に銘じることにしている。

ヒイラギミミドリフシを、埼玉県以外では長崎市の諏訪神社からも得ている。記録は少ないが広く分布していると思われる。ヒイラギは初冬に開花するので、5月に成虫が羽化するとすれば好適な産卵部位はないことになる。

ヤブコウジミフクレフシ

生物部の秋の観察会で埼玉県の高麗(こま)付近を歩いた。薄暗いスギ

林の林床にヤブコウジがあり、当日のお目あてはコバチによるクキコブフシであり、うまい具合に採集できた(174頁参照)。"獲物"があれば気持に余裕が出てくる。果実と思って手にとったら、虫こぶで、すでに脱出孔があった。次の年の5月に子の権現で得た桃色の虫こぶ（正常果よりやや小型）（図101）からはハリオタマバエ（*Asphondylia* E）が羽化してきた（薄葉、1981b）。

　ヤブコウジの花は夏に咲くので、タマバエが5月に羽化すると、これも産卵好適部位はないことになる。年1化と思われるが、少し気になることがある。前年11月に得た虫こぶの脱出孔を"誰"がつくったかということである。後にカタビロコバチ科の寄生蜂を得ているので、寄生蜂の脱出孔ならまず問題はない。しかしタマバエの脱出孔だとすると2化の可能性も捨て切れない。この虫こぶは軟かいので、5月にタマバエが脱出した虫こぶが、夏を越して11月まで残るとは考えられないからである。

アセビツボミトジフシ

　生物部の春の観察会で高水山（東京都青梅市）に登った。ちょうどアセビの花盛りで、アセビの花に盗蜜の跡らしいものを認めたので、訪れる蜂を目で追っていた。その時、"蕾"の先端に褐色の蛹の抜け殻を見つけた。内部の雌しべや雄しべは完全に消失しており、蕾ではなく虫こぶとなっていることがわかった。正常な果実では雌しべが突き出ているが、虫こぶの方には雌しべがないので区別できる（薄葉、1981c）。蛹からはハリオタマバエが羽化してきた（*Asphondylia* F）（図101）。

　アセビの花芽はいつ準備されるのかはよくわからないが、春の開花直後とは思われない。とすればここでも夏の過ごし方が謎となる。

ダイズサヤクビレフシ

　前述のハリオタマバエは，*Asphondylia* C を除いて年1化と考えられ，ほぼ5月に羽化する。そして *Asphondylia* A, B, D-F とも成虫羽化期には，寄主の状態が産卵に好適ではない。つまり，同一の寄主上ではうまく世代を継続できないと思われる。しかし，ここで取り上げたタマバエ類の生活の様子がわからなくても，さほど困ったことにはならない。寄主になる植物に問題になるような害を与えることもないからである。ところが同じハリオタマバエで，害虫扱いをされるものがいる。ダイズやツルマメなどのさ・や・を変形させるダイズサヤタマバエである。1918年から知られているこのタマバエは，近年再び注目されるようになった。枝豆用の早生ダイズの栽培が増えたことに関係があるのかもしれない。初夏から秋まで何世代かを繰り返し，秋遅く消えてしまう。幼虫や蛹も死んでしまうと思われ，冬をどう過ごしているのかさっぱりわからない。

　そこで，秋にダイズから他の植物に寄主を転換して冬を越し，初夏に成虫となって再びダイズに産卵するのではないかと考えられた。こうして，ダイズサヤタマバエと分布が重なり，しかもかなりの密度で分布しているハリオタマバエ類で春-初夏に羽化してくるものが候補にあがった。第1候補の，ネズミモチやイボタの蕾や果実の虫こぶ（ミミドリフシ，ツボミトジフシ）から脱出したイボタミタマバエ［*Asphondylia sphaera*］をダイズに接種することが試みられた。しかし，残念ながらこの実験はうまくいかなかったようである（湯川，1982ほか）。

　ここでもう一つ気になることがある。タマバエ類には幼虫期に数年にわたる休眠をおこなうものが知られている。ダイズサヤタマバエ類では，幼虫などが寄主から離れたところで休眠している可能性は低いと思われる。しかし，このことが絡んでいるとする

と，興味はさらに深まってくる。

　10年ほど前，昆虫愛好会（本部は宇都宮）の会合で，かつてダイズサヤタマバエを調べられ（湯浅・熊沢，1937），マタタビミタマバエを記載された熊沢隆義氏にお会いした折りの，「あれはなかなかてごわいですよ」との一言が今でも耳に残っている。

［注1］学名の命名者名に付された（　）は，記載時の属名が変更されたことを示す約束事である。［→130頁］
［注2］寄主上で両性生殖がおこなわれるような寄主が一次寄主。［→152頁］
［注3］雄に無翅の闘争型と有翅の分散型とがある"イチジクコバチ"（Hamilton, 1979；クレブス・デイビス，1984）というのは，花粉媒介に直接関係する *Blastophaga* に属するものではなく，寄生性のオナガコバチ科のもの（*Idarnes*）である。［→170頁］

終 章

日本の虫こぶ研究

　虫こぶについての研究は，虫こぶの利用，虫こぶとそれを形成する昆虫などの記載・分類にはじまった。やがて虫こぶ形成過程と組織学的な研究や生活史・寄生者複合体・生存率の研究へと進んだ。虫こぶ形成の仕組については古くから興味を持って調べられ，現在でも植物ホルモンやウイルスとの関連において研究が続けられている。

　日本での虫こぶ研究の初期の歴史は，タマバエ類（Yukawa, 1971），アブラムシ類（門前, 1927；Monzen, 1929），タマバチ類（Monzen, 1953；桝田, 1956）のそれについてまとめられているが，いずれも簡略なものである。他の昆虫では，まとめたものを知らない。

　日本での虫こぶに関係する研究は，ヨーロッパ諸国やアメリカよりも大幅に遅れているといえよう。タマバチ類の両性世代虫こぶと対応する単性世代虫こぶとの関係だけをとってみても，1910年（Dalla Torre und Kieffer）（図102）や1963年（Eady & Quinlan）にすでに明確にされ，図示されているものが多い。日本では桝田長先生の御努力によってようやくその段階に達したが，まだ印刷公表されていない。彼我の"自然史学"的実力の差を強く感ずる。

　しかし，近年のクリタマバチやダイズサヤタマバエに対する総

終 章　日本の虫こぶ研究

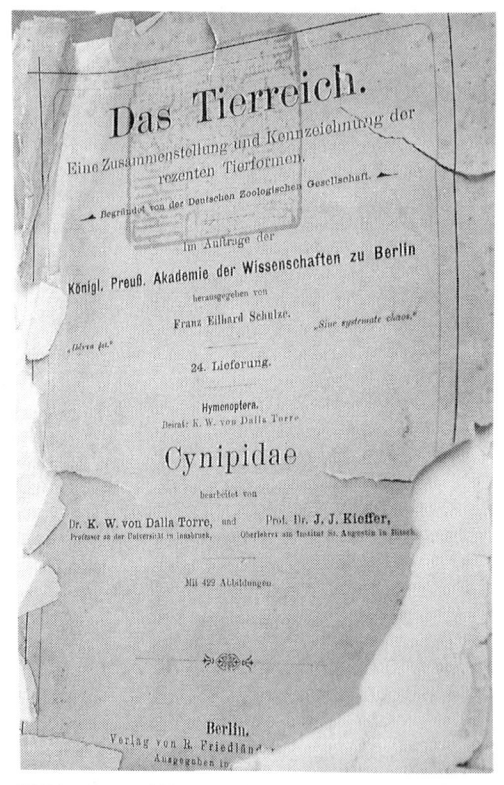

図102　タマバチ類のモノグラフとして知られる，K. W. von Dalla Torre と J. J. Kieffer の共著『Das Tierreich-Cynipidae』(1910年) の扉。

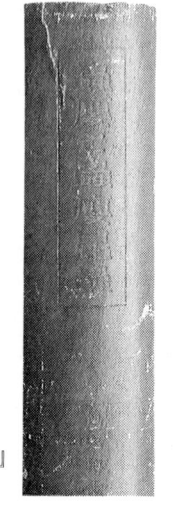

図103　進士織平著『虫瘿と虫瘿昆虫』(1944年) の背表紙 (部分)。

合的な研究，兵隊アブラムシや虫こぶをめぐる乗っ取りなどに関連する研究など，諸外国の虫こぶの本（『Biology of Gall Insect』(1984)，『Biology of Insect-Induced Galls』(1992)，『Plant Galls —Organisms, Interactions, Populations—』(1994) など）に日本人の論文の引用が多くなっているのを見ると嬉しくなる。Maniの『Ecology of Plant Galls』(1964) に比べたらその違いは大きい。

　日本での虫こぶについてのまとまった本は，進士織平著『虫癭と虫癭昆虫』(1944年) である。第二次世界大戦中の出版でもあり，内容にもいろいろ問題はあるが，しばらくはこれが唯一の手引書であった（図103）。これにかわって，いずれ，湯川淳一・桝田長編著になる「日本原色虫えい図鑑」が発刊されるとのことで，これを機会に虫こぶについての興味，関心，情報の集積の機会が増し，研究のいっそうの発展が期待される。

　虫こぶの研究は，プロの研究者のみならず，アマチュアが貢献できる，多くの分野がまだまだ残されていると考えられる。

付録(A)

虫こぶ観察の手引き

1. 採集

　虫こぶのついた植物体を切り取るには剪定ばさみを用いる。古い釣竿の手元の部分を残し，先に鉤をつけて高所の枝を引き寄せることもある。木登りするのも楽しいし，近くの"ひこばえ"を探すのもよい。急傾斜部分や土手をうまく利用すると結構道具なしでも高枝から虫こぶを採集できるものである。

　虫こぶが成熟しているものだけ枝ごと採集し，種類ごとにポリ袋に入れる。虫こぶ形成昆虫が袋内で羽化したり，幼虫が脱出したりするので，なるべく混合しないようにする。

　胴乱(どうらん)は重いし，リュックサックに入れるとむれてしまうので，底が長方形になっているビニール張りの手さげの紙袋に入れて持ち帰る。2-3日の旅行ならこれでまず大丈夫である。ポリ袋を時どき調べ，水滴でくもっているようなら袋の入口を開いて湿度を調節する。自動車の後部トランクに入れるのは禁物である。

　未熟な虫こぶから昆虫を羽化させることは非常にむずかしいので，成熟状態をよく確認してから採集する。虫こぶ内部の房室の空間が狭かったり，ルーペを用いても形成昆虫がよく見えないよ

うなら未熟なものと考え，後日再度訪れるべきである。また，場合によっては植物全体を持ち帰り，移植して虫こぶの発達を調べることもある。

狭い地域に集中して虫こぶが存在していても，その全てを採集してはならない。この"世界"での栄枯盛衰はことのほか激しいものである。イギリスのフィールドガイドの"べからず集—Code for collecting"にも"Do not collect all the leaf mines or galls that you find one place"とある。肝に銘ずべきと思う。

2. 探し方のポイント

虫こぶの見られる植物は被子植物が圧倒的に多い。その順位はおよそ双子葉類＞単子葉類＞裸子植物＞シダ植物となろう。科別ではブナ科，キク科，ヤナギ科，マメ科，バラ科などに多い。虫こぶのできる部分でいえばおよそ葉＞茎＞芽＞花＞果実＞根の順になろう。いずれにせよ，全ての植物の全ての部分に虫こぶがつくられると考えて探すとよい。

一般に群落の内部は虫こぶを探しにくく，実際にも少ないように思われる。群落の周辺部，道端，渓流の岸など植生に変化があるところを探すのが能率的である。

ヨシの茎の先端を紡錘状に肥大させるヨシノメバエ類の虫こぶを探すには，枯れたヨシの群落の周辺部を探す。1本発見したら，その虫こぶと同じ高さで生長が止まっているヨシを探すと能率的に採集できる。

落葉樹の枝や芽にできる虫こぶは葉が落ちている秋-春に探しやすい。ヤナギエダコブフシ(タマバエによる)，イヌシデメフクレフシ(フシダニによる)，コナラミエフクレズイフシ(タマバチによる)などはこの時期に発見しやすい。

また果実や花に虫こぶをつくるものでは，異常に肥大，変形，

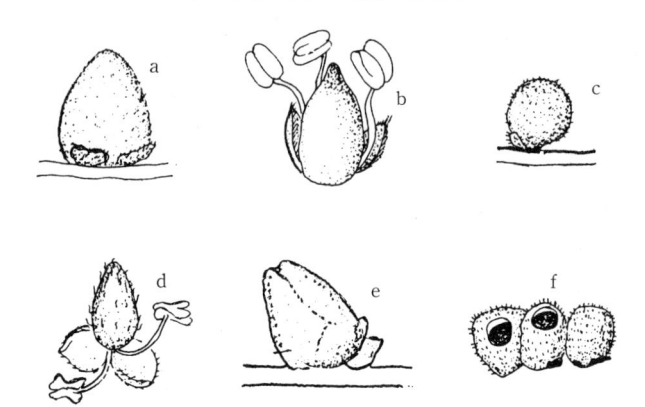

図104 コナラ (a, b) とクヌギ (c-f) の雄花序につくられたタマバチの虫こぶ (いずれも別種のタマバチによる両性世代虫こぶ)。地表に落ちた雄花序によっても,これらの虫こぶの存在を確認できる (薄葉, 1983より)。

着色するものばかりでなく,未熟な段階に止まるものもある。正常のものより小さいもの,発育の遅れているものは,内部を開いて観察する必要がある。

秋にクヌギ,イヌブナなどの落葉を調べると,クヌギハケタマフシ (タマバチによる),クヌギハケツボタマフシ (タマバチによる),イヌブナボタンフシ (タマバエによる) などが葉についたままの,あるいはその近くには葉から脱落した虫こぶを採集できる。

また,春にクヌギ,コナラの雄花序 (雄花の集まり) を調べるとゴマ粒より小さなタマバチの虫こぶ (多くは両性世代虫こぶ) が得られる。その一部は,落下して乾燥している雄花序にも残っていることがある。タマバチは脱出済みで,寄生蜂が出ることが多いが,木登りしなくてもよいわけである (図104)。

エノキの葉に虫こぶをつくり,その下面に白色貝殻状の分泌物 (lerp) でふたをするカイガラキジラミ類が知られている (125頁参照)。成虫が羽化するとlerpの多くは落下してしまう。この地面

に落ちている lerp を目安にして，カイガラキジラミ類の存在を推定できる。

　落ちている虫こぶを集めて，これから脱出してくる昆虫を得ようとする場合，とくに注意が必要である。腐植物を食べるクロバネキノコバエ類などが，すでに産卵していることがあり，羽化してきたハエを虫こぶ形成昆虫と誤ることがある。不幸なことに，その翅脈はある種のタマバエ類にかなり似ているからである（195頁参照）。

3. 飼育

　持ち帰った虫こぶつきの小枝は，葉を適当に除き，水切りしてびんに挿す。寒冷紗（かんれいしゃ）やいけばな用の剣山で小孔を開けたポリ袋で包む。あるいは小びんに挿し，大きなガラス容器に入れて入口を同様な材料で閉じ，通気と採光に留意する。時どき水切りして枝を短くしていく。

　羽化した成虫は早過ぎず，遅過ぎないうちにアルコールを含ませた小筆でとらえたり，吸虫管を使って集める。早過ぎるとコバチなどでは翅がふくれてしまい，分類に不適な標本になってしまう。遅過ぎるとタマバエなどでは毛が落ちたり，触角や脚がばらばらになってしまう。

　多くのタマバエやタマハバチ類では，終齢幼虫が虫こぶから脱出し，地中でまゆをつくったりする。つまり，虫こぶから直接成虫が羽化してくるのではない。このような場合には，熱で殺菌した土や砂を水で湿らせて，潜入させる。ミズゴケを嫌うものもあるので，いろいろ材料を替えて試みるとよい。落ちつくまで暗所に保った方がよいのもある。

　最も小型の素焼きの植木鉢に土などを入れて幼虫を潜入させる。これを一回り大きなびんに入れ，口を寒冷紗や針穴ポリ袋で

封じる。この方が湿度の管理や掃除がしやすい。

　タマバエでは条件によって休眠が長くなり，数年にわたって羽化するものがあるので，あきらめずに管理することが必要である。

　得られた虫こぶや，それからの幼虫をうまく管理して成虫を得たとしても，それをただちに虫こぶ形成者としてはならない。虫こぶ形成者（Gall inducer）に寄生するもの（Parasite）や寄居者（Inquiline），さらに空き屋になった虫こぶの利用者（Successori）などが脱出してくる可能性があるからである。

4. 虫こぶの記録・標本の保存

　虫こぶのついている植物を正確に同定することが必要で，なるべく多くの人に見てもらうとよい。筆者にも苦い経験がある。刈り払われて寸詰まりになっていたイヌタデのそばにあったタニソバをイヌタデと誤ってしまったのであった。

　カラー写真（スライド用）を撮り，スケッチして大きさ，色，光沢，毛の有無などを記録する。ルーペや双眼実体顕微鏡を用いて内部を観察する。房室（幼虫室）の数，大きさ，内壁の色や粗滑の状態，幼虫の数などを記録する。蕾や果実が虫こぶ化したものでは，雄しべや雌しべが残っているかどうか，どの部分が肥大しているかに注目する。

　虫こぶを開いて，すぐ成虫が見られるのはアブラムシ類やクダアザミウマ類ぐらいで，多くは幼虫なので，すぐには虫こぶをつくる昆虫がわからない場合が多い。一般的な幼虫の特徴は『日本幼虫図鑑』（北隆館）などを参考にするとよい。別掲の特徴や図から，およそのグループを推定できよう（図105，106）。いずれにせよ飼育によって確かめる必要がある。

　虫こぶを開いて得られた幼虫，蛹，蛹殻（蛹の脱皮殻）も，虫こぶと同じ番号をつけて，70-75%アルコール液に保存する。タマ

付録(A) 虫こぶ観察の手引き　207

図105　幼虫の特徴から推定する虫こぶ形成生物

● 2対の肢を持つ　　　　　　　→フシダニ類

● 吸収型の口器，3対の肢，ときに翅芽があり，成虫に似る

　　　　　　　　　　　　　　　→アブラムシ類，キジラミ類

● 頭部がはっきりしない蛆状　→ハエ類
　　胸骨がある　　　　　　　→タマバエ類（胸骨がない場合もある）

● 頭部がはっきりしている
　　3対の肢がある　　　　　　→ガ類，タマハバチ類
　　肢がない　　　　　　　　　→タマバチ類，コバチ類，ゾウムシ類，など

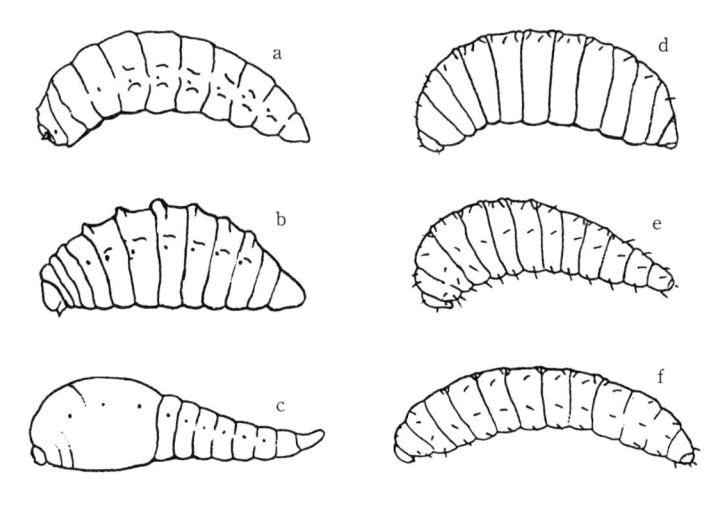

a　ダイズサヤタマバエ *Asphondylia* sp.
b　コマユバチの1種 *Phylomacroploea pleuralis*
c　ヒメコバチの1種 *Tetrastichus sayatamabae*
d　カタビロコバチの1種 *Eudecatoma biguttata*
e　カタビロコバチの1種 *Eurytoma rosae*
f　カタビロコバチの1種 *Tetramesa longicornis*

図106　虫こぶ内の幼虫（a-c 内藤・相坂, 1959より；d-f Askew, 1971より；略写・集成したもの）。

バエの幼虫には"色"つきのものがあるが、この色はアルコールで抜けてしまうので、生時の体色を記録しておく。

データは鉛筆書き。アオキミフクレフシやアブラムシによる虫こぶでは、アルコール液に保存すると、液が茶褐色に濁ってくる場合があり、データが読みにくくなる。液を交換したりするほか、標本びんの表面にもデータを記しておくとよい。

大型で硬い虫こぶ（ハクウンボクハナフシ、イスノナガタマフシなど）は、そのまま乾固させたり、熱湯で処理したあと乾燥して保存する。

5. 野外観察

虫こぶの発達状態や寄生者の動態などを観察・調査するためには、虫こぶに目印をつけて継続的に観察する必要がある。目印をつけることによって、得られる情報量が多くなり、観察が精密になってくることは、一度やってみるとすぐわかる。目印には、色つきのビニール粘着テープを使うと便利である。他の場所から"歩いて"移動してくる他の個体、アリ類、ダニ類を防ぐには粘着剤（たとえば日本農芸製「フジタングル」など）を枝に塗りつけるとよい。

虫こぶのでき方や生活史の調査法、虫こぶの乗っ取り、虫こぶを材料にしての生命表の作製、タマバエ類の飼育観察などについては、秋元 (1982)、巣瀬 (1979)、湯川 (1991；1992；1995)、黒須 (1990)、青木 (1992)、浜島・鈴木 (1994) などの文献を参考にされるとよい。

付録(B)

日本で普通に見られるゴール

　山野に普通に見られるゴールと，その形成に関与する昆虫などを植物別に掲げた。ゴールや，ゴール形成昆虫の名前を推測するときのお役に立てば幸いである。ただし，以下のリストの中で，ゴール名の最初に冠せられることの多い植物名（種名など）は原則として省略した。たとえば，ワラビの欄で，ワラビハベリマキの場合は，ワラビを省略してハベリマキとした。ただし，イスノキなどのように，従来用いられているやや変則的な命名のもの[＊印]は省略せずに記した。また，混乱を避けるために，あえてゴール名をつけない場合があり，その場合はそのゴールのつく部位や形態的特徴を示した。さらに，（ ）内に当該のゴールをつくる昆虫名などを記した。

［リスト掲載の植物名一覧］

シダ植物　　　［コバノイシカグマ科］ワラビ
　　　　　　　［ゼンマイ科］ヤマドリゼンマイ
　　　　　　　［イワデンダ科］クサソテツ，シケシダ
裸子植物　　　［マツ科］トウヒ，アカマツ
　　　　　　　［スギ科］スギ
被子植物：単子葉類
　　　　　　　［イネ科］モウソウチク，アズマネザサ，メダケ，チマキザサ，チシマザサ，アオカモジグサ，ヨシ[アシ]，オギ，ススキ，マコモ，トウモロコシ
　　　　　　　［イグサ科］コウガイゼキショウ
被子植物：双子葉類；離弁花類
　　　　　　　［コショウ科］フウトウカズラ
　　　　　　　［ヤナギ科］シダレヤナギ，シバヤナギ，イヌコリヤナギ
　　　　　　　［カバノキ科］イヌシデ，アカシデ，サワシバ
　　　　　　　［ブナ科］ブナ，イヌブナ，クリ，コナラ，ミズナラ，カシ

　　　　　　　　　　　ワ，スダジイ，クヌギ
　　　　　[ニレ科]　アキニレ，ハルニレ，ケヤキ，エノキ，ムクノキ
　　　　　[クワ科]　クワ類
　　　　　[ヒユ科]　イノコヅチ
　　　　　[シキミ科]　シキミ
　　　　　[クスノキ科]　ヤブニッケイ，タブノキ，シロダモ，クロモジ
　　　　　[ユキノシタ科]　ウツギ，マルバウツギ
　　　　　[マンサク科]　マンサク，イスノキ
　　　　　[バラ科]　モミジイチゴ，ノイバラ，サクラ類
　　　　　[マメ科]　ダイズ，フジ，クズ
　　　　　[ミカン科]　ウンシュウミカン
　　　　　[トウダイグサ科]　シラキ
　　　　　[ウルシ科]　ヌルデ
　　　　　[モチノキ科]　イヌツゲ，モチノキ
　　　　　[ツリフネソウ科]　キツリフネ
　　　　　[クロウメモドキ科]　クマヤナギ
　　　　　[ブドウ科]　ヤマブドウ，ノブドウ
　　　　　[サルナシ科]　マタタビ
　　　　　[ツバキ科]　ヒサカキ
　　　　　[ウコギ科]　ウコギ，キヅタ
　　　　　[ミズキ科]　アオキ
被子植物：双子葉類；合弁花類
　　　　　[ツツジ科]　ヤマツツジ，ミツバツツジ類，アセビ
　　　　　[ヤブコウジ科]　ヤブコウジ
　　　　　[カキノキ科]　カキ
　　　　　[エゴノキ科]　エゴノキ，ハクウンボク
　　　　　[モクセイ科]　ネズミモチ類，イボタノキ類，ヒイラギ
　　　　　[キョウチクトウ科]　テイカカズラ
　　　　　[ヒルガオ科]　ネナシカズラ類
　　　　　[クマツヅラ科]　ムラサキシキブ
　　　　　[シソ科]　ニガクサ，カキドオシ
　　　　　[ゴマノハグサ科]　ムシクサ
　　　　　[アカネ科]　ヘクソカズラ
　　　　　[スイカズラ科]　ガマズミ，ニシキウツギ類
　　　　　[オミナエシ科]　オトコエシ
　　　　　[キキョウ科]　ツリガネニンジン
　　　　　[キク科]　シラヤマギク，ヒヨドリバナ，モミジガサ，ヤブ
　　　　　　　　　　レガサ，ブタクサ，ヨモギ

[ゴール・リスト]

※ゴール名のゴールのつく寄主植物名は省略した。
※一部に菌えいも付記したので「ゴール」とした。

シダ植物

ワラビ [コバノイシカグマ科]
　●クロハベリマキフシ（ワラビハベリマキタマバエ）
ヤマドリゼンマイ [ゼンマイ科]
　●葉の末端が未展開—シダクキオレフシ？（双翅類だがタマバエ類ではない）
クサソテツ [イワデンダ科]
　●葉の末端が未展開—シダクキオレフシ？（双翅類だがタマバエ類ではない）
シケシダ [イワデンダ科]
　●葉の末端が未展開—シダクキオレフシ？（双翅類だがタマバエ類ではない）

裸子植物

トウヒ [マツ科]
　●シントメカサガタフシ（エゾマツカサアブラ *Adelges japonicus*）
アカマツ [マツ科]
　●マツバタマフシ（マツバノタマバエ *Thecodiplosis japonensis*）
　●シントメフシ（マツシントメタマバエ *Contarinia matusintome*）
　●幹や枝のこぶ状の菌えい（マツノコブ病菌の1種, *Cronartium quercuum*）
スギ [スギ科]
　●ハタマフシ（スギタマバエ *Comtarinia inouyei*）

被子植物：単子葉類

モウソウチク [イネ科]
　●エダフクレフシ（モウソウタマコバチ *Aiolomorphus rhopaloides*）
アズマネザサ [イネ科]
　●エダカタナフシ（メダケタマバエ *Geromyia nawae*）
メダケ [イネ科]
　●エダカタナフシ（メダケタマバエ *Geromyia nawae*）

チマキザサ［イネ科］
　●ササウオフシ（ササウオタマバエ *Hasegawaia sasacola*）
　●ヒメササウオフシ？（タマバエ類―何種かある？）
チシマザサ［イネ科］
　●ササウオフシ（ササウオタマバエ *Hasegawaia sasacola*）
　●ヒメササウオフシ？（タマバエ類―何種かある？）
アオカモジグサ［イネ科］
　●クキコブフシ（カタビロコバチ類 *Tetramesa* sp.）
ヨシ［別名アシ／イネ科］
　●メフクレフシ（ヨシノメバエ類 *Lipara japonica* など）
　●茎（稈）の内側，米粒状（タマバエ類 *Giraudiella* sp.？）
オギ［イネ科］
　●クキフクレフシ（オギクキキモグリバエ *Pseudeurina miscanthi*）
ススキ［イネ科］
　●メタケノコフシ（ススキメタマバエ *Orseolia miscanthi*）
マコモ［イネ科］
　●マコモタケ（黒穂菌の1種 *Ustilago esculenta*）
トウモロコシ［イネ科］
　●種子の肥大（黒穂菌の1種 *Ustilago zeae*）
コウガイゼキショウ［イグサ科］
　●メニセハナフシ（ヒラズキジラミ *Livia jezoensis*）

被子植物：双子葉類；離弁花類

フウトウカズラ［コショウ科］
　●ハチヂミフシ（フウトウカズラクダアザミウマ *Liothrips kuwanai*）
シダレヤナギ［ヤナギ科］
　●エダコブフシ（ヤナギコブタマバエ *Rabdophaga salicis*）
　●エダツトフシ＝エダコブフシ
　●エダカタガワフシ（ヤナギカタガワタマバエ *Lygocecis yanagi*）
　●エダマルズイフシ（ヤナギマルタマバエ *Rabdophaga rigidae*）
　●ハイボケフシ（ヤナギフシダニ *Aculops niphocladae*）
シバヤナギ［ヤナギ科］
　●エダカタガワフシ（ヤナギカタガワタマバエ *Lygocecis yanagi*）
　●ハウラタマフシ（コブハバチ類 *Pontania* sp.）
　●ハオモテコブフシ（コブハバチ類 *Pontania shibayanagii*）
イヌコリヤナギ［ヤナギ科］
　●シントメハナガタフシ（タマバエ類 *Rabdophaga rosaria*）
　［注］ヤナギ類にはこのほかにもハヒメコブフシ，メフクレフシ，メヒメハ

ナフシなどタマバエ類によるゴールが見られる。また，ハバチ類による芽・葉（球状，葉折れ状）のゴールも見られる。

イヌシデ［カバノキ科］
  ●メフクレフシ（ソロメフクレダニ *Eryophyes* sp.）
  ●ハミャクフクロフシ（タマバエ類）
アカシデ［カバノキ科］
  ●メフクレフシ（フシダニの1種 *Eryophyes* sp.）
  ●ハミャクフクロフシ（タマバエ類）
サワシバ［カバノキ科］
  ●メフクレフシ（フシダニ類）
  ●ハミャクフクロフシ（タマバエ類）
ブナ［ブナ科］
  ●ハベリタマフシ（タマバエ類）
  ●ハマルタマフシ（タマバエ類）
  ●ハカイガラフシ（ブナカイガラタマバエ）
  ［注］ブナには約30種類のタマバエ類によるゴールが見られる。
イヌブナ［ブナ科］
  ●ハベリタマフシ（タマバエ類）
  ●ハマルタマフシ（タマバエ類）
  ●ハカイガラフシ（タマバエ類）
  ●ハボタンフシ（ハボタンタマバエ）
  ［注］イヌブナには約10種類のタマバエ類によるゴールが見られる。
クリ［ブナ科］
  ●メコブズイフシ（クリタマバチ *Dryocosmus kuriphilus*）
  ●ハイボフシ（クリフシダニ *Eryophyes japonicus*）
  ●ハナケタマフシ（タマバエ類）
コナラ［ブナ科］
  ●メイガフシ（ナラメイガタマバチ *Andricus mukaigawae*）
  ●メリンゴフシ（ナラメリンゴタマバチ *Biorhiza nawai*）
  ●メカイメンタマフシ（ナラメカイメンタマバチ *Aphelonyx gland-uliferae*）
  ●ミウスタマフシ（ナラミウスタマバチ）
  ●ミエフクレズイフシ（ナラミエフクレヤドカリタマバチ *Synergus iwatensis*）
  ●ハナコトガリタマフシ（ハナコトガリタマバチ）
  ●ワカメハナツボタマフシ（ワカメハナツボタマバチ *Neuroterus moriokensis*）
  ●エダクボミフシ（ナラフサカイガラムシ *Asterolecanium japonicum*）
  ［注］そのほかコナラにはタマバチ類によるゴールが多く見られる。

ミズナラ［ブナ科］
- メカイメンタマフシ（ナラメカイメンタマバチ）
- メリンゴフシ（ナラメリンゴタマバチ *Biorhiza nawai*）
- エダムレタマフシ（ナラエダムレタマバチ）
- メウロコタマフシ（ミズナラメウロコタマバチ）

カシワ［ブナ科］
- メリンゴフシ（ナラメリンゴタマバチ *Biorhiza nawai*）

スダジイ［ブナ科］
- シイハマキフシ（シイオナガクダアザミウマ *Varshneyia pasanii*）
- エダクボミフシ（トウキョウフサカイガラムシ *Asterolecanium tokyo-nis*）

クヌギ［ブナ科］
- エダイガフシ（クヌギエダイガタマバチ *Trichagalma serrata*）
- ハナカイメンフシ（クヌギハナカイメンタマバチ）
- ハマルタマフシ（クヌギハマルタマバチ *Aphelonyx acutissimae*）
- ハケタマフシ（クヌギハケタマバチ *Neuroterus vonkuenbergi*）
- ハケツボタマフシ（ハケツボタマバチ *Neuroterus nawai*）
- エダコトガリタマフシ（タマバチ類）
- カワアレフクレフシ（カブラカイガラムシ *Beesonia napiformis*）

アキニレ［ニレ科］
- 葉巻き状（アブラムシ類 *Aphidounguis mali, Eriosoma* sp.）
- 袋状（アブラムシ類 *Tetraneura akinire* など）

  ［注］*Eriosoma* や *Tetraneura* に属するアブラムシは種類が多いので注意が必要。

ハルニレ［ニレ科］
- 葉巻き状（アブラムシ類 *Eriosoma* sp. など）
- いが状（アブラムシ類 *Kaltenbachiella* sp.）
- 袋状（アブラムシ類 *Tetraneura* sp.）

  ［注］*Eriosoma* や *Tetraneura* に属するアブラムシは種類が多いので注意が必要。

ケヤキ［ニレ科］
- ハフクロフシ（ケヤキヒトスジワタムシ *Paracolopha morrisoni*）
- ハスジタマフシ（タマバエ類）
- ハグキフクレフシ（タマバエ類）
- ハヒメフクロフシ（フシダニ類）

エノキ［ニレ科］
- ハトガリタマフシ（エノキトガリタマバエ *Celticecis japonica*）
- ハツノフシ（エノキカイガラキジラミ *Celtisapis japonica*）
- ハクボミイボフシ（クロオビカイガラキジラミ *Celtisapis usubai*）

付録（B） 日本で普通に見られるゴール　　　215

ムクノキ［ニレ科］
　●ハスジフクレフシ（ムクノキトガリキジラミ *Trioza usubai*）
クワ類［クワ科］
　●メエボシフシ（クワクロタマバエ *Asphondylia morivorella*）
　●ハミャクコブフシ（クワハコブタマバエ）
イノコズチ［ヒユ科］
　●クキマルズイフシ（イノコズチウロコタマバエ *Lasioptera achyranthii*）
　●ミフクレフシ（タマバエ類）
シキミ［シキミ科］
　●ハコブフシ（シキミタマバエ *Illiciomyia yukawai*）
ヤブニッケイ［クスノキ科］
　●メツノフシ（タマバエ類）
　●エダコブフシ（ヤブニッケイエダタマバエ）
　●芽が肥大する大形で褐色の菌えい（黒穂菌の1種 *Ustilago onumae*）
　●ハミャクイボフシ（ニッケイトガリキジラミ *Trioza cinnamomi*）
タブノキ［クスノキ科］
　●ハウラウスフシ（タブウスフシタマバエ *Daphnephila machiliola*）
　●ハフクレフシ（タマバエ類）
　●エダコブフシ（タマバエ類）
　●ハクボミフシ（タブトガリキジラミ *Trioza machiliola*）
シロダモ［クスノキ科］
　●ハコブフシ（シロダモタマバエ *Pseudasphondylia neolitseae*）
クロモジ［クスノキ科］
　●メウロコフシ（タマバエ類）
　●ツボミフクレフシ（タマバエ類）
　●ハクボミフシ（トゲキジラミ *Hemipteripsylla matsumurana*）
ウツギ［ユキノシタ科］
　●ハコブフシ（タマバエ類）
　●ハフクレフシ（タマバエ類）
マルバウツギ［ユキノシタ科］
　●ハコブフシ（タマバエ類）
　●ハフクレフシ（タマバエ類）
マンサク［マンサク科］
　●ハフクロフシ（マンサクフクロフシアブラムシ *Hormaphis betulae*）
　●メイガフシ（マンサクイガフシアブラムシ *Hamamelistes miyabei*）
　●メイボフシ（マンサクイボフシアブラムシ *Hamamelistes kagamii*）
イスノキ［マンサク科］
　●ハタマフシ（ヤノイスアブラムシ *Neothoracaphis yanonis*）

- エダコタマフシ（イスノタマフシアブラムシ *Monzenia globuli*）
- ハコタマフシ（イスノアキアブラムシ *Dinipponaphis autumna*）
- エダナガタマフシ（イスノフシアブラムシ *Nipponaphis distiliicola*）
  ＝イスノイチジクフシ・イスノナガタマフシ
- エダチャイロオオタマフシ（モンゼンイスアブラムシ *Sinonipponaphis monzeni*）
- ハグキタマフシ（シイコムネアブラムシ *Metanipponaphis rotunda*）
- ミコガタフシ（イスノキハリオタマバエ *Asphondylia itoi*）
- エダオオナガタマフシ（イスノキオオムネアブラムシ *Nipponaphis distychii*）
- エダオオマルタマフシ（シイムネアブラムシ *Metanipponaphis cuspi-datae*）
- エダイボフクロフシ（ヨシノミヤアブラムシ *Quadrartus yoshinomiyai*）

［注］イスノキのゴールはほかにもあるが，代表的なものにとどめた。

モミジイチゴ［バラ科］
- シントメフシ（タマバエ類）
- クキコブズイフシ（タマバチ類 *Diastrophus* sp. 寄居者もいる）

ノイバラ［バラ科］
- メフクレフシ（タマバエ類）
- ハオレフシ（ノイバラミジンタマバエ）
- クキコブフシ（ノイバラウロコタマバエ *Lasioptera* sp.）
- ハタマフシ（バラタマバチ *Diplolepis japonica*）

サクラ類［バラ科］
- ハトサカフシ（サクラフシアブラムシ *Tuberocephalis sasakii*）
- ハオレフシ（ムシャコブアブラムシ *Myzus mushaensis*）
- ハマキフシ（ヤマハッカコブアブラムシ *Myzopsis plectranthi*）
- ハチヂミフシ（サクラコブアブラムシ *Myzus sakurae*）

［注］サクラ類にはアブラムシのほかハバチ類幼虫によるゴールもあるので注意が必要。

ダイズ［マメ科］
- サヤクビレフシ（ダイズサヤタマバエ *Asphondylia yushimai*）

フジ［マメ科］
- ハフクレフシ（タマバエ類）
- ハケフシ（タマバエ類）
- ツボミフクレフシ（フジハナタマバエ *Dasineura wistaria*）
- メモトフクレフシ（フジタマモグリバエ *Hexomyza websteri*）

クズ［マメ科］
- ハトガリタマフシ（クズトガリタマバエ *Pitydiplosis* sp.）
- クキツトフシ（オジロアシナガゾウムシ *Mesalcidodes trifidus*）

ウンシュウミカン［ミカン科］
　●ツボミフクレフシ（ミカンツボミタマバエ *Contarinia okadai*）
シラキ［トウダイグサ科］
　●メタマフシ（シラキメタマバエ *Asphondylia* sp.）
ヌルデ［ウルシ科］
　●ミミフシ（ヌルデシロアブラムシ *Schlechtendalia chinensis*）
　●ハベニサンゴフシ（ヤノハナフシアブラムシ *Nurudea yanoniella*）
　●ハサンゴフシ（ハナフシアブラムシ *Nurudea shirai*）
イヌツゲ［モチノキ科］
　●メタマフシ（イヌツゲタマバエ *Asteralobia sasakii*）
モチノキ［モチノキ科］
　●メタマフシ（イヌツゲタマバエ *Asteralobia sasakii*）
キツリフネ［ツリフネソウ科］
　●クキタマフシ（キツリフネタマバエ *Lasioptera impatientis*）
クマヤナギ［クロウメモドキ科］
　●ハフクロフシ（クマヤナギトガリキジラミ *Trioza berchemiae*）
ヤマブドウ［ブドウ科］
　●ハトックリフシ（ブドウトックリタマバエ）
　●ハコブフシ（タマバエ類）
　●ツルフクレフシ（タマバエ類）
ノブドウ［ブドウ科］
　●ミフクレフシ（ノブドウミタマバエ *Asphondylia baca*）
　●ツボミフクレフシ（タマバエ類）
マタタビ［サルナシ科］
　●ミフクレフシ（マタタビミタマバエ *Pseudasphondylia matatabi*）
ヒサカキ［ツバキ科］
　●エダコブフシ（タマバエ類）
　●ハクボミフシ（コナジラミ類 *Rusostigma* sp.）
ウコギ［ウコギ科］
　●エタマフシ（タマバエ類）
　●ハグキットフシ（ウコギトガリキジラミ *Trioza ukogi*）
キヅタ［ウコギ科］
　●ツボミフクレフシ（キヅタツボミタマバエ *Asphondylia* sp.）
　●ミフシ（タマバエ類 *Asphondylia* sp.）
アオキ［ミズキ科］
　●ミフクレフシ（アオキミタマバエ *Asphondylia aucuba*）

被子植物：双子葉類；合弁花類

ヤマツツジ［ツツジ科］
　●ミケフシ（タマバエ類）
ミツバツツジ類［ツツジ科］
　●ミマルフシ（タマバエ類）
　●ハマキフシ（タマバエ類）
アセビ［ツツジ科］
　●ツボミトジフシ（タマバエ類 *Asphondylia* sp.）
ヤブコウジ［ヤブコウジ科］
　●ミフクレフシ（ヤブコウジツボミタマバエ *Asphondylia* sp.）
　●クキコブフシ（ヒメコバチ類 *Tetrastichus* sp.）
カキ［カキノキ科］
　●ハベリマキフシ（カキクダアザミウマ *Ponticulothrips diospyrosi*）
エゴノキ［エゴノキ科］
　●ハウラケタマフシ（タマバエ類）
　●ハヒラタマルフシ（タマバエ類）
　●メフクレフシ（タマバエ類）
　●ツボミフクレフシ（タマバエ類）
　●ハツボフシ（エゴノキニセハリオタマバエ *Oxycephalomyia styraci*）
　●エダフクレフシ（タマバエ類 *Lasioptera* sp.）
　●エゴノネコアシフシ（エゴノネコアシアブラムシ *Ceratovacuna nekoashi*）
　●ハクボミフシ（クロトガリキジラミ *Trioza nigra*）
　［注］そのほかタマバエ類・アブラムシ類による多くの虫こぶがあるので注意。
ハクウンボク［エゴノキ科］
　●ハウラケタマフシ（タマバエ類）
　●エダサンゴフシ（ハクウンボクハナフシアブラムシ *Hamiltonaphis styraci*）
ネズミモチ類［モクセイ科］
　●ミミドリフシ（イボタミタマバエ *Asphondylia sphaera*）
　●ツボミトジフシ（イボタミタマバエ *Asphondylia sphaera*）
イボタノキ類［モクセイ科］
　●ミミドリフシ（イボタミタマバエ *Asphondylia sphaera*）
　●ツボミトジフシ（イボタミタマバエ *Asphondylia sphaera*）
ヒイラギ［モクセイ科］
　●ミミドリフシ（ヒイラギミタマバエ *Asphondylia* sp.）
テイカカズラ［キョウチクトウ科］
　●ネコブフシ（テイカカズラネコブタマバエ *Ametrodiplosis* sp.）

- ●ミサキフクレフシ（テイカカズラミタマバエ *Asteralobia* sp.）

ネナシカズラ類 ［ヒルガオ科］
- ●ツルコブフシ（マダラケシツブゾウムシ *Smycronyx madaranus*）

ムラサキシキブ ［クマツヅラ科］
- ●ミフクレフシ（タマバエ類）
- ●エダツトフシ（ムラサキシキブウロコタマバエ *Lasioptera callicarpae*）

ニガクサ ［シソ科］
- ●ツボミフクレフシ（ヒゲブトグンバイムシ *Copium japonicum*）

カキドオシ ［シソ科］
- ●ツボミフクレフシ（タマバエ類）
- ●ハナガツツフシ（タマバエ類）

ムシクサ ［ゴマノハグサ科］
- ●ツボミタマフシ（ムシクサコバンゾウムシ *Gymnetron miyosii*）

ヘクソカズラ ［アカネ科］
- ●ツボミホソフシ（タマバエ類 *Asphondylia* sp.）
- ●ツボミマルフシ（タマバエ類）
- ●ハマキフシ（タマバエ類）
- ●ツルフクレフシ（ヒメアトスカシバ *Paranthrene pernix*）
- ●茎が卵形などに肥大 "クキフシ？"（ハモグリバエ類 *Melanagromyza paederiae*）

ガマズミ ［スイカズラ科］
- ●ミケフシ（ガマズミミケフシタマバエ *Pseudasphondylia rokuharaensis*）
- ●ミフクレフシ（タマバエ類）
- ●ツボミトジフクレフシ（タマバエ類）
- ●ハヒラタフクレフシ（タマバエ類）
- ●メフクレフシ（タマバエ類）

ニシキウツギ類 ［スイカズラ科］
- ●メタマフシ（ウツギメタマバエ *Asphondylia diervillae*）
- ●ハベリオレフシ（ウツギハベリタマバエ *Contarinia* sp.）
- ●ハコブフシ（ニシキウツギコブハバチ *Hoplocampoides longiserrus*）

オトコエシ ［オミナエシ科］
- ●ミフクレフシ（オトコエシニセハリオタマバエ *Asteralobia patriniae*）

ツリガネニンジン ［キキョウ科］
- ●メコブシフシ（タマバエ類）
- ●ツボミフクレ（タマバエ類）

シラヤマギク ［キク科］
- ●カワリメフシ（シラヤマギクヒゲナガタマバエ）
- ●ハナホッスフシ（タマバエ類 *Lasioptera giboushi*）

ヒヨドリバナ［キク科］
  ●クキズイフシ（ヒヨドリバナウロコタマバエ *Lasioptera euphobiae*）
  ●ハナフクレフシ（タマバエ類）
モミジガサ［キク科］
  ●ツボミフクレフシ（タマバエ類）
  ●ハトガリコブフシ（タマバエ類）
ヤブレガサ［キク科］
  ●クキフクレズイフシ（タケウチケブカミバエ *Paratephritis takeuchii*）
ブタクサ［キク科］
  ●クキフクレフシ（スギヒメハマキ *Epiblema sugii*）
ヨモギ［キク科］
  ●クキワタフシ（ヨモギワタタマバエ *Rhopalomyia giraldii*）
  ●クキコブフシ（ヨモギクキコブタマバエ *Rhopalomyia struma*）
  ●ハエボシフシ（ヨモギエボシタマバエ *Rhopalomyia yomogicola*）
  ●ハシロケタマフシ（ヨモギハシロケフシタマバエ *Rhopalomyia cinerarius*）
  ●クキマルズイフシ（ヤマトハマダラミバエ＝ヨモギマルフシミバエ *Oedaspis japonica*）
  ●クキツトフシ（トビモンシロヒメハマキ＝ヨモギシロフシガ *Eucosma metzneriana*）
  ［注］ヨモギのゴールはこのほかにも多くある．小形のものもあるので注意が必要である．また，フシダニ類や線虫類によるものも知られている．

あとがき

　私の定年退職を機会に，東京都立両国高等学校生物部 OB の集まりがもたれた。その席で，かつて定時制課程の教師と全日制課程の生徒という立場が始まりで，付き合いを続けていた大場秀章さんにお会いした。その折りに，虫こぶについて書いてみたらという話があった。

　私が虫こぶに興味を持つようになったのは"清澄参り"がきっかけである。似合わない生活"指導"で，いささかくたびれていたとき，房総の自然研究会の蒲谷肇，加藤宏保，渡辺隆一，新海明さんなどに誘われて，毎月 1 回の清澄山や郷台畑での合宿に参加するようになった。一生がねじ曲げられてしまった，と言う私に，いや正常なルートに戻してやっただけだ，と言い張る人たちとの夜話は，酒よりもうまかった。

　ここでの調査がきっかけで，いつしか虫こぶとの付き合いが長くなってしまった。植物の方も虫の方も，勝手に無目的に変異するのだろう（！）に，その両者の狭間(はざま)にできる虫こぶの，ただならぬ魅力にはまってしまっていた。メモも少したまっていたので，思い切って執筆の話に乗ることにした。

　その後，新しい職場に移ったこともあり，思いのほか筆の運びが滞ってしまった。大場秀章さんから虫こぶの本（Shorthouse & Rohfritsch, 1992）を贈られて，尻をたたかれようやく脱稿にこぎつけた。

　読み返してみると，どれもこれも尻切れとんぼで，どうもとり

とめがなく、ゴールのないような虫こぶの世界への案内になるのかと、いささか気が重くなってきている。とくに第3章では、観察ノートやコメントのやりとりをもとにして、ホリディー・ナチュラリストの小さな情報でも、本格的な研究に多少とも役立つことがあるという、ケース・スタディーのようなつもりで書いてみた。意のあるところをお察しくだされば幸いである。しかし、ご指導をいただいた諸先生方にご迷惑がかかりそうな点がありそうで懸念している。どうか浅学に免じてお許しをいただきたい。

なお、本文で触れることの少なかった、虫こぶができることの意味や、虫こぶ形成昆虫の由来などについては、脱稿後の湯川 (1995) や加藤 (1995) をお読みくださることをお勧めしたい。

また、虫こぶ名の混乱を避けるため、"原色虫えい図鑑"のそれに合わせることを意図したが、刊行が遅れているようなので、一部には古くから用いられている虫こぶ名をそのまま用いたものがある。さらに、かなり以前にまとめたものでは、近年での学名(虫こぶ形成生物に関する)の変更などを訂正しきれないものもある。この点についてもご留意を賜れば幸いである。

本書をなすにあたり、常々ご指導をいただいている、多くの先達、友人に対し、この機会に心からの感謝の意を表します。それなくして本書が生まれることはなかった、といってよい。

とくに、湯川淳一(鹿児島大学)、宮武頼夫(大阪市立自然史博物館)、桝田長(山梨県)、上条一昭(前北海道林業試験場)、宗林正人(皇学館大学)、富樫一次(前県立石川農業短期大学)、青木重幸(立正大学)、内藤親彦(神戸大学)、上宮健吉(久留米大学)の諸先生には、数多くの御助言とともに、標本の同定や文献について御高配をいただいた。

また、秋元信一、浜口哲一、前藤薫、芳賀和夫、黒須詩子、阿部芳久の諸氏の御援助も忘れがたい。ともに重ねて御礼申し上げ

たい。

　永い間，お世話になった東京都立両国高等学校関係の方々には，私のささやかな"楽しみ"に対し，御理解を賜わり，本当に有り難いことと思っている。

　最後に，本書の表紙カバーにみごとな写真（ミズナラの葉の虫こぶ）を寄せて下さった深瀬徳子，ならびに本書の全体的構成や細部の統一などにお力添えをくださった八坂書房編集部森弦一の各氏に深く感謝いたします。

　　1995年8月　　　渋谷，氷川神社のミンミンゼミの声を聞きつつ
　　　　　　　　　　　　　　　　　　　　　　　　　　　　著者

用語解説

ATP　adenosine triphosphate（アデノシン三燐酸）の略。アデノシンに燐酸が3分子結合した化合物。生体内でのエネルギーを必要とする反応で，エネルギー伝達の媒介をする物質。ATPがADP（アデノシン二燐酸）になる反応で，遊離するエネルギーによって生命活動がおこなわれる。消費されたATPは，細胞呼吸によって補給される。
M_{1+2}　→翅脈相
N_2固定　→窒素固定
Rs　→翅脈相

アザミウマ類　→総翅類
アブラバチ類　アブラコバチ類ともいう。コマユバチ科に含まれることもあるが，別科（アブラバチ科）とする場合もある。体長2-3mmのものが多く，全てアブラムシに寄生する。寄生されたアブラムシは硬化して樹皮上などに固定されてしまい，いわゆる"マミー（ミイラ）"となる。
アルカロイド　植物界に広く存在する，窒素を含む有機化合物で，水に溶けるとアルカリ性を示す化合物の総称。植物塩基ともいう。タバコに含まれるニコチンやケシのモルフィンなどをはじめ，約500種類が知られている。
異翅半翅類（いしはんしるい）　→半翅類
囲蛹（いよう）　ハエやカの類（双翅目，ハエ目）のうち，環縫類（かんほうるい）（ハエの類）に見られる蛹。蛹となる際に，最終齢幼虫の皮膚は脱ぎ捨てられず，蛹の表面に密着したまま硬化，着色して"殻"をつくる。真の蛹は，この殻に保護されるように，その内側に形成される。
エラーグ酸　（ellagic acid）没食子から発見され，没食子酸（gallic acid）に似た物質。インク製造の際には，エラーグ酸が多いと沈殿ができやすいとして嫌われる。
オーキシン　植物体内に見られ，植物の生長を促進するインドール酢酸および類似の化学構造を持ち，似た働きを示す合成化合物の総称。発根促進，子房の生長促進，落葉の抑制などの働きもある。

カスタステロン　クリタマバチの虫こぶから抽出された植物ホルモンで，ブラシノステロイド（ブラシノリド）の1種（しょうもく）（こうちゅうもく）とされている。
カツオブシムシ類　鞘翅目（甲虫目）のカツオブシムシ科に属する虫の総称。

幼虫は乾いた動植物を食べるものが多い。干魚，貯蔵物質，毛皮，生物標本などの害虫とされる。ヒメマルカツオブシムシやセマルヒョウホンムシなどが有名。

カテコール　二価のフェノールの1種。水やアルコールに溶け，空気中で酸化されやすく，緑色ついで黒色になる。

還元糖　還元力のある糖で，ぶどう糖や果糖などはこれに属するが，蔗糖(砂糖の主成分)は還元力がないので還元糖ではない。

幹母（かんぼ）　アブラムシ類で，両性生殖による受精卵からの雌。単性生殖によって多数の雌を胎生する。その後の生活環はアブラムシの種類によって異なる。

帰化植物　原産地より他の地域に移動し，そこに野生化するようになった植物。自生種の対語。ふつうは導入経路がおよそ明らかなものをいう。渡来の原因には風，潮流などのほか，人為的交通手段などがある。

基産地　新種に学名をつける時，その形態などの記載の基になった標本の産地(採集地)。

寄主　宿主ともいう。寄生者(parasite)や捕食寄生者(parasitoid)が，栄養分を得る相手の生物を寄主(host)という。

キジラミ類　同翅半翅類(セミなどを含む)に属するキジラミ科の昆虫の総称。体長5mmほどで，後肢が発達してよくジャンプするので，英名を jumping plant-lice という。成虫は有翅のアブラムシに似ている。幼虫がシラミに似ているというので"木虱"の名がついた。吸収型の口器を持ち，植木などの害虫とされるものもある。

寄生蜂　ヤドリバチともいう。膜翅目(ハチ目)のうち，ヒメバチ上科やコバチ上科に属する蜂の総称。その他の上科のものにも寄生生活をするものがあるが，ふつうは寄生蜂といわない。寄生蜂の幼虫は，他の昆虫の体液などを食べて成長し，結果的にはその昆虫を殺してしまう。このため，ネコにネコノミがつくという寄生と区別して厳密には捕食寄生という。つまり，初めは寄生だが，後には捕食に変わるからである。昆虫での真の寄生は，ネジレバネ類に見られるが少ない。ヒメバチ類，コバチ類の寄主としては鱗翅目(りんしもく)(チョウ目)，鞘翅目(しょうしもく)(甲虫目)，膜翅目(まくしもく)(ハチ目)のものが大部分を占めている。

キバチ類　膜翅目(ハチ目)のキバチ上科に属するものの総称。幼虫が幹や枝にもぐって食べるのが"樹蜂"の名の由来である。腹部が円筒形で細長く，胸とつながる部分が太い。蜂の中では原始的な特徴を多く持っている。

胸骨（きょうこつ）　タマバエ類の幼虫の，前胸腹面に突き出たキチン化した突起(breast bone, sternal spatula)で，先端が2叉したものが多い。幼齢幼虫には見られないものであるが，終齢幼虫にも見られないグループがある。その働きについてはいろいろな説がある。虫こぶの内壁を削って摂食に役立つ，虫こぶに孔を開けて蛹の脱出に役立つ，土中にもぐるためにジャンプする際のフックの役目をする，あるいは土中を掘坑するのに役立つ，などである。

菌細胞 ゴキブリやアブラムシなどで，脂肪体内などの細胞中に，細菌や酵母菌（と考えられるもの）が共生している場合がある。このような菌類が細胞内共生している細胞を菌細胞という。→酵母様共生体，→細菌様共生体，→細胞内共生

黒穂菌類（くろぼきんるい） マツタケ，シイタケなどが属する担子菌類の1グループ（黒穂菌目）。オオムギなどの穂に寄生するもの（*Ustilago*）では，黒色の胞子をつくるのでこの名がある。

グンバイムシ類 半翅目（カメムシ目）のうちグンバイムシ科の昆虫の総称。ナシグンバイ（ムシ）などの体形が軍配に似ていることから名づけられた。葉裏について養分を吸収するので害虫とされるものもある。

血縁選択説 イギリスのW・D・ハミルトンは，「自然淘汰は自分の子だけではなく，自分の"血縁者－弟や妹など－の子"を通じても働いている」と考えた。このような血縁者を通しての淘汰をイギリスのJ・M・スミスは血縁淘汰（kin selection）と呼んだ（Smith, 1964）。この考えは，自然淘汰の単位は種でも集団でもなく，遺伝子であることを示し，社会生物学（Sociobiology）や行動生態学（Behavioural ecology）に発展するきっかけとなった。

酵母様共生体 アブラムシなどには，細胞内共生体を持つ細胞（菌細胞）があり，その共生体がある種の酵母菌と考えられるものをいう。→菌細胞，→細胞内共生

コバチ類 膜翅目（ハチ目）の細腰亜目に分類されるコバチ上科の蜂の総称。膜翅目の中で最大の分類群。全ての種が寄生生活をおこなうが，アオムシコバチのように昆虫に寄生するものと，イチジクコバチのように植物に寄生するものとがあり，害虫に寄生する場合は農業上で益虫としての役割をはたすことになる。体長0.2 - 20mm。

コラーゲン 少量の糖を含むタンパク質。集まって繊維状になり，動物の真皮，腱，軟骨などに広く存在する。ゼラチンはコラーゲンを熱処理などで変性させ，水溶性にしたタンパク質である。

細菌様共生体 アブラムシなどには，細胞内共生体を持つ細胞（菌細胞）があり，その共生体が細菌と考えられるものをいう。→菌細胞，→細胞内共生

サイトカイニン DNA構成分子の一つであるアデニン骨格を持つ植物ホルモン。タバコなどのカルスの生長・分化にオーキシンなどの他のホルモンと協同して働く。また，葉の緑化や気孔を開かせる働きがある。

細胞内共生 昆虫の場合では，細胞内に細菌や酵母菌と考えられる単細胞生物が見られ，相互依存的な相利共生をおこなっていると考えられる。次世代へは，母体内で卵の状態の時期に感染して伝えられるのを原則とする。→菌細胞，→酵母様共生体，→細菌様共生体

用語解説

酢酸エチル 強い果実様の香りがする可燃性の溶剤。水や多くの有機溶剤と混合できる。管びんの中に入れ，採集した昆虫を標本用として殺すのにも用いられる。

銹菌類（さびきんるい）（たんしきんるい） 担子菌類の1グループで，黒穂菌類（くろぼきんるい）に近い。モミの天狗巣病やマツノコブ病，ナシの赤星病などの病原となる。寄主を変えたりし，生活史の複雑なものがある。

シスト（嚢胞） 物理的化学的に強固な膜に包まれた動物体や卵をいう。この中で動物体などは休眠状態を続け，外界の乾燥・低温などに耐えられる。

翅脈相（しみゃくそう） 昆虫類の翅脈は，各々の目によって差があるが，基本的な翅脈には相同性があるとして共通の名称が付されている。前翅の基部から翅端に向かって走る脈（縦脈）については，前縁から後縁にかけて順に次のような脈があるのが一般的である。前縁脈（C），亜前縁脈（Sc），径脈（R），中脈（M），肘脈（Cu），臀脈（A）。そして，これらの縦脈は，融合，消失，分岐して，各々の目に特徴的な脈をつくる。たとえば，RがR_1（第1径脈）とRs（径分脈）とに分岐したり，MがM_{1+2}（第1中脈）とM_{3+4}（第2中脈）に分岐したりする。このような縦脈に，多数の横脈が結びつき翅脈がつくられる。

重クロム酸カリ 二クロム酸カリ。強い酸化能力を持ち，標本の固定，メッキ，ガラスの洗浄などに用いられる。

植物ホルモン 植物体のある部分で合成され，ホルモンとしての作用を示す物質。植物の生長，屈光性などに関係するオーキシン（インドール酢酸）や，単為結実（単為結果）能力の高いジベレリンが代表的なもの。さらに細胞の分化に関係の深いサイトカイニン，芽を休眠させ発芽を阻害するアブシジン酸，果実の成熟を促すエチレンなどが知られている。

双翅類（そうしるい） 双翅目（ハエ目）に属する昆虫の総称。ハエやカの類で，後翅が退化して平均棍（へいきんこん）となり，前翅2枚（1対）のみが目立つことが名の由来。現在の昆虫では甲虫類，鱗翅類，膜翅類に次ぐ4番目の大群であり，形態，生活史とも多様である。

総翅類（そうしるい） 昆虫綱総翅目（アザミウマ目）。細長い翅状の翅に総毛（ふさげ）があるので"総翅"の名がついた。翅には翅脈がない。口器は吸収型で，作物などの害虫とされているものもある。体長2－3mmの，小形のものが多い。アザミウマとは，アザミの花を突っつくと姿を現わすという子どもの遊びに由来するという。

胎生（たいせい） 母体内で，胚（幼生物）が母体から栄養を補給されつつ発生することで，卵生の対語。昆虫の場合は，卵内の栄養を消費しながら発育し，直接母体からの栄養補給はない。そのため区別して卵胎生とされる。卵胎生は，アブラムシやある種のヤドリバエなどに見られる。

タマハバチ類 ハバチ上科のうち，ヤナギやポプラ類に虫こぶをつくるグループの総称。*Phyllocolpa*, *Pontania*, *Euura* などの属のものが含まれる。

用語解説

単為結実（たんいけつじつ／たんいけつか） 単為結果ともいう。受精なしに子房が発達し，種子なしの果実を生じる現象。受精しなくても受粉の刺激などだけで，子房の発育が促進されるのに充分なホルモンが分泌されることによる。種無しのミカンやカキは単為結実する枝を発見し，接ぎ木で増やして得られる。種無しブドウは，人工的に蕾にホルモン処理をおこなって発育させたものである。

単性生殖 未受精卵が何らかの仕組で発生を開始し，正常な個体に発育することを単性生殖という。単性生殖によって，雌，雄のいずれが生じるかは種類によって異なる。ミツバチなど蜂類の雄は単性生殖によって生じるものが多い。タマバチでは雌，雄が見られる世代（両性世代）と，雌のみで単性生殖をする世代（単性世代）とが交代するものがある。アブラムシでは，春から秋にかけて雌が単性生殖によって雌のみを（卵）胎生する。

単性世代 昆虫の中には，1種で，世代により単性生殖をする世代と，両性生殖をする世代を持つものがある。そのうち，雌だけ（雄なし）で子を産む世代をいう。多くのアブラムシでは，春から夏に雌（単性世代）が雄なしで，単性生殖によって雌を産む（卵胎生）世代を繰り返す。多くのタマバチでは両性世代と単性世代とを交互に繰り返し，世代ごとに虫こぶの形態に差がある。

タンナーゼ タンニンを分解する酵素。

窒素固定 窒素ガス（N_2）をアンモニア（NH_3）に還元する働き。根粒菌，アゾトバクター，藍藻などにこの働きがあり，一般の植物にはこの働きはない。

同翅半翅類（どうしはんしるい） →半翅類

ニトロゲナーゼ 窒素ガス（N_2）を還元してアンモニア（NH_3）を生ずる反応を触媒する酵素。窒素固定能力を持つ細菌，藍藻に存在する。酸素に対して非常に不安定なので，発見が遅れた。

嚢果（のうか） イチジク果ともいう。花軸の先端（花床，花托）がふくらみ，中央部がへこんで袋状になる特殊な花序（隠頭花序）に由来する果実。果実とは言っても，これは見かけ上のもの（ゆえに偽果と呼ぶ）で，本当の果実は袋状になった花床の内側に多くつく微小な花に由来する痩果である。本書では，開花前のもの（花嚢とする人もいる），未熟な果実，いずれも嚢果として表記した。

倍数性 普通の生物は，2セットの染色体を持つ（2倍体）。そのうちの1セットは雄親，他の1セットは雌親から受けている。生物の持つ染色体がセットとして増加して，4セット，6セット……となる現象を倍数性という。そしてそのように染色体が倍数化した生物を4倍体，6倍体……と呼ぶ。たとえば，オニユリやシャガは3倍体，パンコムギ（ふつうの栽培コムギ）は6

倍体である。

ハバチ類 幼虫が主に葉を食べるのでこの名がある。膜翅目（ハチ目）の広腰亜目の過半数を占めるハバチ上科の蜂の総称。一部に虫こぶをつくるものがある。幼虫はチョウやガの幼虫と似ているが，単眼が1対のことや腹脚の位置，数などで区別できる。

盤菌類（ばんきんるい） コウジカビなどが属する子嚢菌類（しのうきんるい）のうちの1グループで，大形のものにチャワンタケやアミガサタケがある。黒紋菌（*Rhytisma*）に属するものは日本にも見られ，カエデ類などの葉に寄生して黒脂病の原因となる。

半翅類（はんしるい） 昆虫綱（有翅昆虫亜綱）半翅目（カメムシ目）に分類される節足動物の総称。そのうち前翅が革質部と膜質部からなるものを異翅半翅類（カメムシなど），前翅が一様に膜質なものを同翅半翅類（セミなど）という。半翅類という名称の由来は，この一部革質化した前翅を持つものを代表としたことによるもの。吸汁のための，発達した針状口吻を持っている。

ピロガロール 焦性没食子酸。没食子酸から得られ，酸化されやすく空気や光によって着色してしまう。酸素を奪うので還元剤としての用途がある。そのほか防腐剤としても用いられる。

ブラシノステロイド 植物ホルモンの1種で，ブラシノライド（ブラシノリド）の一般名。最初，アブラナの花粉から分離された。切除したインゲンの節間に対し，著しい生長をもたらす。

ポリフェノール 多価フェノールともいう。タンニンもポリフェノールに属する。

膜翅類（まくしるい） 膜翅目（ハチ目）に属する蜂や蟻の類。体の大きさは0.2 - 50mmと変化があり，生活様式も多様である。毒腺を持ち人間を刺すことがあるのは有剣類のしかも雌のみであり，他は毒腺があっても発達が悪い。末尾に掲げた膜翅目の分類を参照。

無翅（虫）（むし） 昆虫類の成虫は一般に2対の翅を中胸，後胸に持つ。しかし，原始的な昆虫（トビムシ目，イシノミ目，など）では，成虫でも翅を欠く。また本来，翅を持つグループでも世代により，あるいは環境条件その他により，翅のない無翅型が生ずる場合がある。タマバチのあるものでは，両性世代のものは有翅，単性世代のものは無翅である。アブラムシでは，単性生殖を繰り返す過程では成虫が無翅であることが多い。

無性芽 植物体の一部がふくれ出し，そのあと母体から分離して新個体をつくることがある。その場合，ふくれ出た芽，または芽に似たものをいう。栄養生殖器官の一種で，ヤマノイモのむかごやゼニゴケの杯状体などがその例である。

命名規約 国際動物命名規約のこと。無用の混乱を避けるために，学名の命名に際してのルールを定めた国際的な規約。成文化されており，その改訂は

木酢酸鉄 木材乾留によって得られる木酢液（酢酸とメチルアルコールを含む）からの酢酸を木酢酸といい，その木酢酸に水酸化鉄（Ⅲ）を加えて得られるもの。

没食子酸 植物体の各部に遊離状態でも存在するが，主にタンニンの構成成分となっている。アルカリ性の水溶液は還元力が強い。

モロッコ革 子ヤギやその類のなめし革をキッドというが，なめす時にスマック（ウルシ属植物）から採取したタンニンを用いたものを，モロッコ革と呼んで区別している。モロッコとは，初めモロッコ産のヤギ皮を原料としたことにちなむ。

有翅（虫） ここではアブラムシの有翅虫について述べる。アブラムシの生活環は複雑で，種によって差がある。一次寄主から二次寄主に移住する場合，および単性生殖を繰り返す間に有翅虫が生ずる(有翅胎生雌虫)。また秋に一次寄主に戻る際にも有翅虫を生ずる。アブラムシで，有翅胎生雌虫というのは，有翅で単性生殖によって雌を産む雌のこと，有翅産性雌虫とは，有翅で雄や雌を産む雌のことである。

葉肉細胞 葉で，光合成をおこなう細胞。葉緑体を多数含み，集まって柵状組織や海綿状組織をつくる。

両性世代 雄と雌とがあり，受精によって次代をつくる世代を両性世代という。配偶子がもとになる生殖を有性生殖というが，単性生殖も卵（配偶子）がもとになる生殖なので有性生殖に含める考え方がある。本書ではこの考え方に従った。

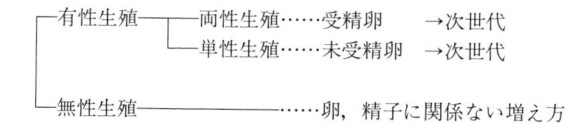

```
┌─有性生殖──┬─両性生殖……受精卵    →次世代
│            └─単性生殖……未受精卵  →次世代
└─無性生殖─────────……卵，精子に関係ない増え方
```

レグヘモグロビン マメ科植物の根粒内に存在するミオグロビン様の色素タンパク質。酸素と結合しやすく，根粒菌へ酸素を供給する一方で，酸素の接近を防ぐので，ニトロゲナーゼが働きやすく，窒素固定に役立つ。

膜翅目の分類（岩田，1974を一部加筆）

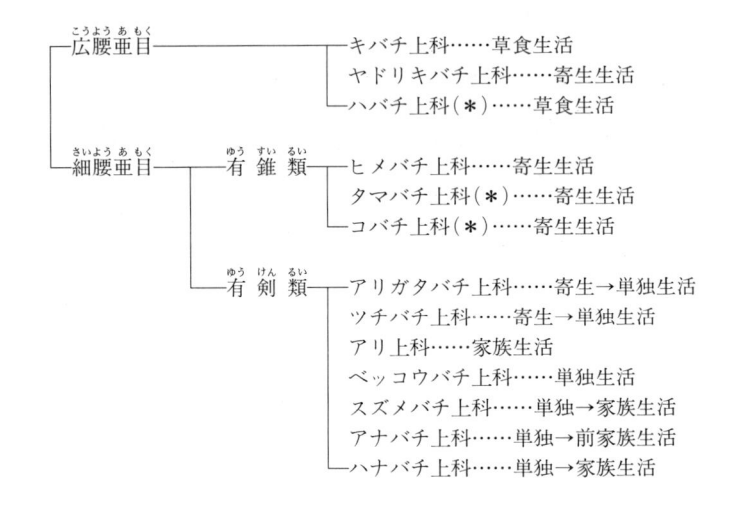

```
┌ 広腰亜目(こうようあもく) ──┬─ キバチ上科……草食生活
│                              ├─ ヤドリキバチ上科……寄生生活
│                              └─ ハバチ上科(*)……草食生活
│
└ 細腰亜目(さいようあもく) ─┬─ 有錐類(ゆうすいるい) ─┬─ ヒメバチ上科……寄生生活
                              │                        ├─ タマバチ上科(*)……寄生生活
                              │                        └─ コバチ上科(*)……寄生生活
                              │
                              └─ 有剣類(ゆうけんるい) ─┬─ アリガタバチ上科……寄生→単独生活
                                                       ├─ ツチバチ上科……寄生→単独生活
                                                       ├─ アリ上科……家族生活
                                                       ├─ ベッコウバチ上科……単独生活
                                                       ├─ スズメバチ上科……単独→家族生活
                                                       ├─ アナバチ上科……単独→前家族生活
                                                       └─ ハナバチ上科……単独→家族生活
```

[* 虫こぶをつくるものが含まれる]

参考文献

Abe, Y.(1986) Two Host Races in *Andricus mukaigawae* (Mukaigawa). Appl. Ent. Zool. 23(4): 381-87
——(1988) Trophobiosis between the Gall Wasp, *Andricus symbioticus*, and the Gall-Attending Ant, *Lasius niger*. Appl. Ent. Zool. 23(1): 41-4
赤井重恭(1939) *Protomyces inouyei* の侵害を蒙れるオニタビラコの菌瘤解剖に就きて. 植物及動物 7: 875-82
秋元信一(1982) ゴールを乗っ取るアブラムシ. インセクタリウム 19(6): 12-9
Akimoto, S.(1983) A revision of the genus ERIOSOMA and its allied genera in Japan. Insecta Matsumurana (New Ser.) 27: 37-106
Ananthakrishnan, T. N. [ed.] (1984) Biology of Gall Insects. Oxford & IBH Pub. Co.
青木重幸(1992) 冬を越す虫こぶ—ハクウンボクハナフシアブラムシのゴール形成. インセクタリウム 29(1): 4-9
Aoki, S. & S. Usuba(1989) Rediscovery of "*Astegopteryx*" *takenouchii* with note on its Soldiers and Hornless exdules. Jap. Journ. Ent. 57(3): 497-503
Aoki, S., Kurosu, U. & T. Fukatsu(1993) *Hamiltonaphis*, a new Genus of the Aphid Tribe Cerataphidini. Jap. Journ. Ent. 61(1): 64-6
朝比奈正二郎(1955) 朝比奈泰彦 [編修], 正倉院薬物, 分担執筆. 植物文献刊行会
Ashmead, W.(1904) Descriptions of New Hymenoptera from Japan. Journ. the New York Ent. Soc. 12(2): 76-82
Askew, R. R.(1961) On the biology of the inhabitants of oak galls of Cynipidae in Britain. Trans. Soc. Br. Ent. 14: 237-68
——(1971) Parasitic Insects. Heinemann Educational Books Ltd.
——(1984) The Biology of Gall Wasps. In: Ananthakrishnan, T. N. [ed.], Biology of Gall Insects. Oxford & IBH, New Delhi.
Benson, R. B.(1954) British sawfly Galls of the Genus *Nematus* on *Salix*. Journ. Soc. for Brit. Ent. 4(9): 206-11
Boselli, F. B.(1929) Studii sugli Psyllid. III Appunti su alcune ninfe di

Pachysyllini. Boll. Lab. Zool., Portici 22: 204-18
Bouček, Z., Watsham, A. & T. Weibes(1981) The Fig wasp fauna of the receptacle of *Ficus thonningii*. Tijd. Ent. 124-158
Cagné, R.(1989) The Plant-Feeding Gall Midges of N. America. Cornell Univ. Press
Claridge, M. F. & H. A. Dawah(1994) Assemblages of herbivorous Chalcid wasps and their parasitoids associated with grasses—problems of species and specificity. In: Williams, M. A. J. [ed.], Plant Galls—Organisms, Interactions, Populations. Oxford Univ. Press
Dalla Torre, C. W. und J. J. Kieffer(1910) Cynipidae — Das Tierreich. 24. Lieferung. 1-891. Verlag von R. Friedländer
Darlington, A.(1975) The Pocket Encyclopaedea of Plant Galls in Colour. Blandford Press Ltd.
Eady, R. D. & J. Quinlan(1963) Handbooks for the Identification of British Insects, Cynipoidea. Roy. Ent. Soc. London VIII-1(a), 1-81
Edwards, H.(1874) "Flea Seed" *Cynips saltatorius*. San Francisco Rural Press, Feb. 2
Frankie, G. W. & C. S. Koehler [ed.] (1978) Perspective Urban Entomology. Academic Press
深津武馬(1993) ミクロの共生 I, II. インセクタリウム 30(1): 26-33, 30(2): 66-77
Galil, J.(1967) Sycamore wasps from ancient Egyptian tombs. Israel Journ. Ent.II: 1-10
Galil, J. & D. Eisikovitch(1967) On the polination ecology of *Ficus sycomorus* in east Africa. Ecology 49: 259-69
Goode, J.(1980) Insects of Australia. Angus & Robertson Publishers
芳賀和夫(1978) 筑波山のアザミウマ I. おとしぶみ No. 7, 1-7
浜島繁隆・鈴木達夫(1994) イヌビワとコバチのやくそく. 文研出版
Hamilton, W. D.(1979) Wingless and fighting males in fig wasp and other insects. In: Blum, M. S. & N. A. Blum [ed.], Sexual Selection and Reproductive Competition in Insects. pp. 167-220. Academic Press
長谷川仁(1967) 明治以降物故昆虫学関係者経歴資料集. 昆虫35(3), Suppl. 1-98
林俊郎(1957) シャジクモに見られるダニによる虫癭とその原形質流動. 植物研究雑誌 32(3): 18-20
Hill, D. S.(1967) Figs (*Ficus* spp.) and fig-wasps. Journ. Nat. Hist. 1: 413-34

参考文献

平野千里(1971) 昆虫と寄主植物. モダンバイオロジー・シリーズ. 共立出版

平塚直秀(1955) マツの瘤. 遺伝 9(5): 38-63

Hodkinson, I. D.(1984) The Biology and Ecology of the Gall-forming Psylloidea. In: Ananthakrishnan, T. N. [ed.], Biology of Gall Insects. Oxford & IBH, New Delhi

井上元則(1960) 林業害虫防除論(下—I). 地球出版

石井象二郎(1974) 害虫との戦い. 大日本図書

Ishii, T.(1931) Notes on the phytophagous habit of some Chalcidoids, with descriptions of two new species. Kontyû 5(3): 132-38

——(1934) Chalcidoids of Japan. Kontyû 8(2): 84-100

岩田久仁男(1971) 本能の進化—蜂の比較習性学的研究—. 眞野書店

——(1974) ハチの生活. 岩波書店

貝原益軒(1709) 大和本草. [益軒全集刊行会刊, 益軒会編纂, 益軒全集巻之六, 1911年による]

Kamijo, K.(1983) A new Genus and species of Pteromalidae Parasitic on *Lipara* spp. in Japan. Kontyû 51(1): 25-8

神谷一男(1959) 樹木を害する虫えい昆虫—タマバチ類—. 森林防疫ニュース 8(3): 49-50

上宮健吉(1981a) ヨシノメバエの生活. インセクタリウム 18(6): 4-12

——(1981b) ヨシノメバエの配偶行動 I, II. インセクタリウム 18(9): 4-9, 18(10): 16-23

——(1986) ヨシノメバエ属の種分化—生活形と配偶行動. 木元新作 [編], 日本の昆虫地理学. pp. 66-76. 東海大学出版会

Kanmiya, K.(1982) The Japanese species of g. *Lipara* M. with descriptions of three new species and new record. Kurume Univ. Journ. 31(1): 37-55

加藤真(1995) 虫こぶの話. 週刊朝日百科, 植物の世界 62：62-4

加藤正世(1936) ヨシノメバエ. 昆虫界 4(27), plate 142

加藤謄太(1948a) ヨシノメバエの生活. 新昆虫 1(9): 40-1

——(1948b) ヨシノメバエの羽化. インセクト [昆虫愛好会発行] 1(4): 12

桂琦一(1982) むしと菌(くさびら). 築地書館

クラウゼン, L.(1972) 昆虫と人間(1・2). 小西正泰・小西正捷訳. みすず書房

Klots, A. B. & E. B. Klots(1961) 1001 Questions Answered About Insect. Dover Pub. Inc.

Koizumi, K.(1962) Reexamination of systematic position and habit of some Japanese gall midges (in Japanese). Bull. Kinki Branch Ent.

Soc. Japan 14: 2-3
クレブス,J. R.・N. B. デイビス(1984) 行動生態学を学ぶ人に. 城田安幸, 他訳. 1-400. 蒼樹書房
黒須詩子(1990) エゴノネコアシフシのできるまで. インセクタリウム 27(7): 224-33
Küster, E.(1911) Die Gallen der Pflanzen. S. Hirzel, Leipzig
Leach, F. A.(1923) Jumping Seed. Journ. Amer. Mus. Nat. Hist. 23: 296-300
Lewis, I. F. & L. Walton(1964) Gall formation on leaves of *Celtis occidentalis* L. resulting from material injected by *Pachypsylla* sp. Trans. Amer. Microscop. Soc. 83: 62-78
前藤薫(1993) 寄生蜂による多様な寄主利用. 昆虫と自然 28(7): 15-20
Maeto, K.(1983) A systematic study of G. *Polmochartus* Schlz, Parasitic on the G. Lipara M. Kontyû 51(3): 412-25
Mamaev, B. M. & N. P. Krivosheina(1993) The Larvae of the Gall Midges. A. A. Balkema
Mani, M. S.(1964) Ecology of Plant Galls. Dr. W. Junk
——(1992) Introduction to Cecidology. In: Shorthouse, J. D. & O. Rohfritsch [ed.], Biology of Insect-Induced Galls. Oxford Univ. Press
桝田長(1956) 日本産タマバチ科の生態(第1報). Kontyû 24(1): 39-50
——(1959) タマバチの生活(日本昆虫記III). 講談社
——(1972) 日本産タマバチの生活. インセクタリウム 12(9): 6-9
Meyer, J.(1987) Plant Galls and Gall Inducers. Gebrüder Borntraeger, Stuttgart
三橋淳(1984) 世界の食用昆虫. 古今書院
宮武頼夫(1973) キジラミ類とその生活. Nature Study 19(1): 5-11, 19(3): 9-12
Miyatake, Y.(1968) *Pachypsylla japonica* sp. nov.—A remarkable lerp-forming Psyllid from Japan. Bull. Osaka Mus. Nat. Hist. 21: 5-12
——(1970) Some Taxonomical and Biological Notes on *Togepsylla matsumurana*. Bull. Osaka Mus. Nat. Hist. 23: 1-10
——(1980) Notes on the g. *Pachypsylla* of Japan, with description of a new species. Bull. Osaka Mus. Nat. Hist. 33: 61-70
——(1994) Further knowledge on the distribution and biology of two species of the genus *Celtisaspis*. Bull. Osaka Mus. Nat. Hist. 48: 27-30
門前弘多(1927) 盛岡地方における虫えい生成蚜虫の新種. 盛岡高農学術彙

——(1930) 植物虫瘿の研究. 斉藤報恩会事業年報 6, 270-94
——(1931) 邦産没食子蜂に就いて. 応用動物学雑誌 3: 192-200
——(1932) 虫えいの研究(III). 盛岡高農学術彙報 Vol. 7, 53-78
Monzen, K.(1929) Studies on some gall producing Aphids and their galls. Saito-ho-on Kai Monog. 1, 1-80
——(1937) On some new gall midges. Kontyû 11(1-2): 192-4
——(1953) Revision of the Japanese Gall Wasps with the Description of New Genus, Subgenus, Species and Subspecies (I). Ann. Rep. Gakugei Fac. Iwate Univ. 5(Part 2): 15-21
——(1954) Revision of the Japanese Gall Wasps with the Description of New Genus, Subgenus, Species and Subspecies (II). Ann. Rep. Gakugei Fac. Iwate Univ. 6(Part 2): 26-38
——(1955) Some Japanese Gall midges with the Descriptions of Known and New genera and species I, II. Ann. Rep. Gakugei Fac. Iwate Univ. 8(Part 2): 36-48, 9(Part 2): 36-48
Mook, J. H.(1961) Observation on the Oviposition Behaviour of *Polemon liparae* G. Arch. Néerlandaises de Zoologie, 14(3): 423-30
素木得一(1954) 昆虫の分類. 北隆館
向川勇作(1912) シヒクダアザミウマ(*Cryptothrips Pasanii* n. sp.)に就きて. 昆虫世界 16(12): 351-75
——(1913) ムカイガワフシバチとナラリンゴフシバチ. 昆虫世界 17: 261-4
——(1922) 三重県産没食子蜂 Cynipidae の研究. 動物学雑誌 34: 203-8
内藤親彦(1988) ハバチ類の食性と分化(I). インセクタリウム 25(5): 4-11
内藤篤・相坂冀一郎(1959) 関東地方におけるダイズサヤタマバエとその寄生蜂およびそれらの発生消長について. 応用動物昆虫会誌 3(2): 91-8
中根猛彦(1966) 日本の甲虫類. 新昆虫 20(3): 27-9
Narendran, T. C.(1984) Chalcids and Sawflies Associated with Plant Galls. In: Ananthakrishnan, T. N. [ed.], Biology of Gall Insects. Oxford & IBH, New Delhi.
日本学士院［編］(1960) 明治前日本生物学史, 第1巻. 日本学術振興会(発売: 丸善)
於保信彦・梅谷献二(1975) クリタマバチ中華人民共和国に産す. 植物防疫 29(11): 463-4
岡本素治(1976) イヌビワコバチの産卵. Nature Study 22(9): 11-2
——(1977) イヌビワとイヌビワコバチ. Nature Study 23(10): 5-8

——(1981) イヌビワ=植物と昆虫の興味ある関係.田村道夫［編］,日本の植物研究ノート.pp. 114-30

小野蘭山(1803-6) 本草綱目啓蒙.［早稲田大学出版部刊,杉本つとむ編著,小野蘭山 本草綱目啓蒙 本文・研究・索引,1974年による］

大島建彦,他［編］(1979) 日本を知る小事典(3).社会思想社

Price, P. W.(1992) Evolution and Ecology of Gall-induced sawflies. In: Shorthouse, J. D. & O. Rohfritsch [ed.], Biology of Insect-Induced Galls. Oxford Univ. Press

Roskam, J. C.(1992) Evolution of the Gall-Inducing Guild. In: Shorthouse, J. D. & O. Rohfritsch [ed.], Biology of Insect-Induced Galls. Oxford Univ. Press

眞保一輔(1919) 本邦産二三の虫癭に関する研究(其二).植物学雑誌 385: 1-12

進士織平(1938) 邦産癭蜂(没食子蜂)科の研究.動物学雑誌 50(10): 427-38

——(1944) 虫癭と虫癭昆虫.春陽堂

白井光太郎(1925) 植物妖異考.［有明書房刊,復刻版による］

庄野邦彦(1976) 植物と細菌の共生.現代科学 8 月号, 22-8

Shorthouse, J. D. & O. Rohfritsch [ed.] (1992) Biology of Insect-Induced Galls. Oxford Univ. Press

Skuhravá, M. et al.(1984) Biology of Gall midges. In: Ananthakrishnan, T. N. [ed.], Biology of Gall Insects. Oxford & IBH, New Delhi.

Skuhravá, M. & V. Skuhravý(1992) Biology of Gall midges on common Reed in Czechoslovakia. In: Shorthouse, J. D. & O. Rohfritsch [ed.], Biology of Insect-Induced Galls. Oxford Univ. Press

Smith, J. M.(1964) Group selection and Kin selection. Nature 201: 1145-7

Sorin, M.(1985) The Aphids causing galls on *Distylium racemosum* in Japan. In: Population structure, Genetics and Taxonomy of Aphids and Thysanoptera. SPB Academic Publishing

Sunnucks, P. J. et al.(1994) The biography and population genetics of the invading gall wasp *Andricus quercuscalicis* (Hym. Cyn.). In: Williams, M. A. J. [ed.], Plant Galls, Organisms, Interactions, Populations. pp. 351-68. Oxford Univ. Press

巣瀬司(1979) ササウオタマバエの長期休眠.インセクタリウム 28(2): 4-9

Sunose, T.(1980) Predation by Tree-Sparrow on Gall-Making Aphid. Kontyû 48(3): 363-9

高木五六(1937) 朝鮮総督府林業試験場報告 26 号.

Takagi, S. & Y. Miyatake(1993) SEM observation on two lerp-forming

Psylloids. Insecta Matsumurana (New Ser.) 49: 69-104
Takahashi, R.(1934) A new aphid of the genus *Astegopteryx* Karsch. Mushi 7: 68-73
田代貢(1981) イヌビワコバチの花粉運搬のしくみ．Nature Study 27(1): 3-7
テイラー，G. R.(1976) 生物学の歴史Ⅰ．矢部一郎，他訳．みすず書房
寺島良安(1713) 和漢三才図会．[東京美術刊，復刻版(上・下)，1975年第4版による]
Togashi, I. & S. Usuba(1980) On the Species of the *Euura* Newman (Hym., Tenth.) from Japan. Kontyû 48(4): 521-5
上野実朗(1982) 花粉百科(改訂版)．風間書房
梅谷献二・梶浦一郎(1994) 果物はどうして創られたか．筑摩書房
薄葉重(1977) 清澄のGallとGall-maker(Ⅰ)．清澄6号，28-34
――(1979a) 清澄のGallとGall-maker(Ⅱ)．清澄7号，19-25
――(1979b) 虫えい雑記Ⅰ．インセクト30(1): 7-13
――(1980a) 清澄のGallとGall-maker(Ⅲ)．清澄8号，1-4
――(1980b) 虫えい雑記Ⅲ．インセクト31(2): 22-6
――(1981a) 清澄のGallとGall-maker(Ⅳ)．清澄9号，5-10
――(1981b) 虫えい雑記Ⅴ．インセクト32(2): 60-7
――(1981c) ゴールとゴール形成生物の生活(1)．生物教育21(3): 13-20
――(1981d) ゴールとゴール形成生物の生活(2)．生物教育 21(4): 1-7
――(1981e) ヤブニッケイのゴールに集る昆虫類．昆虫と自然 16(6): 46-7
――(1982) 花屋で虫えいを調べる．昆虫と自然 17(9): 27-8
――(1983) 虫えいの採集．昆虫と自然 18(7): 51-3
――(1985) 古い虫えいを利用する蜂．昆虫と自然 20(14): 23-4
――(1989) 虫えい雑記Ⅹ．インセクト 40(2): 124-8
宇都宮貞子(1975) 草木おぼえ書．読売新聞社
渡部俊三(1990) 果物の博物学．講談社
渡辺武雄(1982) 薬用昆虫の文化誌．東書選書．東京書籍
Wells, B. W.(1916) The comparative morphology of the Zoocecidia of *Celtis occidentalis*. Ohio Journ. Sci. 16(7): 249-90
Williams, M. A. J. [ed.] (1994) Plant Galls, Organisms, Interactions, Populations. Oxford Univ. Press
Yamagishi, K.(1980) Platygastrid parasites of willow gall midges in Japan. Esakia 15: 161-75
山崎青樹(1982) 草木染－日本の色百二十色．美術出版社
Yang, C. & Li, F.(1981) On the new subfamily Hemiptelipsillinae. Entomotaxonomia 3(3): 187-9

―― & ――(1982) Descriptions of the new genus *Celtisaspis* and five new species of China. Entomotaxonomia 4(3): 196-8
矢野俊郎(1964)　松山市付近の虫えい．愛媛高校理科，創刊号，66-79
八杉竜一(1985)　生物学の歴史(上)．NHKブックス．
Yasumatsu, K.(1937) Ibalinae of Nippon. Ins. Matsu. 12: 13-8
――(1951) A new *Dryocosmus* injurious to chestnuts tree in Japan. Mushi 22: 89-92
Yasumatsu, K. & A. Taketani(1967) Some remark on the commonly known species of the Genus *Diplolepis* G. in Japan. Esakia (No. 6): 77-87
横山潤(1993)　昆虫と植物との「共進化」の歴史を読み解く；3 DNA解析．科学朝日7月号：111-23
吉田よし子(1988)　香辛料の民族学．中公新書，中央公論社
湯浅啓温・熊沢隆義(1937)　ダイズサヤタマバエの分布と寄主．植物及動物 5(8): 133-4
湯川淳一(1981)　虫えいと虫えい形成昆虫．Kinokuni, No. 20, 2-5
――(1982)　ダイズサヤタマバエ，ソルガムタマバエなど転換畑作物を加害するタマバエ類とそれらの近縁種に関する分類学的および生態学的研究．昭和57年度農林水産業特別試験研究費補助金による研究報告書，1-91
――(1983)　ダイズサヤタマバエ *Asphondylia* sp. の分布南限．応用動物昆虫 27(4): 265-9
――(1984)　ダイズサヤタマバエの生活史のなぞ．植物防疫 39(10): 16-21
――(1986)　タマバエの幼生生殖．インセクタリウム 23(11): 4-11
――(1991)　虫えいを作るタマバエの採集と飼育・観察．インセクタリウム 28(2): 4-13
――(1992)　虫こぶはひみつのかくれが？．たくさんのふしぎ No. 86．福音館書店
――(1995)　虫えいと虫えい形成昆虫．昆虫と自然 30(7): 9-12
Yukawa, J.(1971) A revision of the Japanese Gall Midges. Mem. Fac. Agr. Kagoshima Univ. VIII-1, 1-203

索　引

本文中に言及した虫こぶ名のうち，『日本原色虫えい図鑑』（湯川，桝田編著，1996）によって名称が改められたものは（　）内に示した。

Aleppo gall　32, 45
Ambrosia gall　112
Ashmead　94
Askew　106
Autoparasitism　103
Bedeguar tea　30
Breast bone　101
Bud gall　84
Caprification　50
Cecidium　72
Cecidology　71
Covering gall　82
Crown gall　90
Deuterotoky　94
Edwards　55
Filz gall　82, 91
Fold gall　82
Gall, Galle　72
Gali-former　73
Gall-inducer　73
Gall-maker　73
Histioid gall　75
Hyperparasite　103
Hyperplacy　72
Hypertrophy　72
ideobionts　107, 108
Inquiline　106, 109
jumping seed　55
Kataplasmic gall　75, 76
Kinsey　55, 85
koinobionts　107, 108
lerp　36, 126, 134-5
Lysenchyme gall　81
Mark gall　82, 83
Oak Apple Day　57
Organoid gall　75, 90
Parasite　103

Phytocecidia　73
Pit gall　91
Pouch gall　82
Prosoplasmic gall　75, 76
Riley　116
Roll gall　82
Rosette gall　84
Successori　111
Zezidium　72
Zoocecidia　73

ア

アオカモジグサ　177
アオカモジグサクキコブフシ　176, 177
青木重幸　144, 147
アオキミフクレフシ　73
アカシア　35, 83
アカマツ　37, 90
アコウ　170
アコウコバチ　170
朝比奈正二郎　43
アザミウマ類　89, 91, 110
アシボソ　19
アセビツボミトジフシ　193, 196
アブラムシ類　71, 89, 91, 113
阿部芳久　55, 99
アメリカネナシカズラ　121, 122
アラカシ　152, 153
アンブロシア・ゴール　112
異翅半翅類　91
イスノアキアブラムシ　153
イスノイチジクフシ（イスノキエダナガフシ）　28, 64
イスノキ　28, 64, 79, 149
イスノキエダオオマルタマフシ→イスノヤワラタマフシ
イスノキエダコタマフシ→イスノコタマ

フシ
イスノキエダチャイロオオタマフシ→モンゼンイスフシ
イスノキエダナガタマフシ→イスノナガタマフシ
イスノキエダナガフシ→イスノイチジクフシ
イスノキハグキタマフシ→イスノハグキタマフシ
イスノキハコタマフシ→イスハコタマフシ
イスノキハタマフシ→イスノハタマフシ
イスノコタマフシ（イスノキエダコタマフシ）　64, 149, 150, 153, 154
イスノタマフシアブラムシ　153
イスノナガタマフシ（イスノキエダナガタマフシ）　28, 64, 91, 149, 151, 152, 153, 154
イスノハグキタマフシ（イスノキハグキタマフシ）　155, 156
イスノハタマフシ（イスノキハタマフシ）　28, 64, 149, 150, 153
イスノフシアブラムシ　153
イスノヤワラタマフシ（イスノキエダオオマルタマフシ）　149, 153
イスハコタマフシ（イスノキハコタマフシ）　150, 152, 153
イスノフシアブラ（ムシ）　152
イタビカズラ　173
イチジク　49-54, 112
イチジクコバチ　49-54, 112
イチョウ　87
イデオバイオント　107, 108
伊藤圭介　26
イヌコウジ　67
イヌビワ　166-70
イヌビワオナガコバチ　167, 170
イヌビワコバチ　54, 167-70
イネ　79
イボタミタマバエ　197
入れ墨　39
岩崎灌園　64
岩永藿斎　27

インク　31, 45
インクタマバチ　32, 44
ヴァリスニエリ　24
ウィートコーチェ　35
ウイルス類　89
ウコギトガリキジラミ　91
烏米　35
占い　38
エゴアブラムシ属　146, 147, 148
エゴノキ　9-20, 68, 87, 144
エゴノキエダフクレフシ　16
エゴノキツボミフクレフシ→エゴノキミフシ
エゴノキニセハリオタマバエ　12, 16
エゴノキハウラケタマフシ　14, 15, 16
エゴノキハクボミフシ→エゴノキハフクレフシ
エゴノキハツボフシ　10, 12, 14, 16
エゴノキハヒラタマルフシ　14, 15, 16
エゴノキハフクレフシ（エゴノキハクボミフシ）　16, 18
エゴノキミフシ（エゴノキツボミフクレフシ）　16, 17, 73
エゴノキメ（ツボ）フシ（エゴノキメフクレフシ）　16, 17
エゴノキメフクレフシ→エゴノキメ（ツボ）フシ
エゴノネコアシアブラムシ　16, 19, 68
エゴノネコアシフシ　16, 18, 19, 68
エゾエノキ　126, 127, 129
エノキ　87, 125-31, 135
エノキカイガラキジラミ　88, 126-33, 135
エノキトガリキジラミ　137
エノキトガリタマバエ　38
エノキハトガリタマフシ　38, 126
エラーグ酸　29, 45, 69
エンドウ　75
オウシュウナラ　119
オオアリ類　111
オオイタビ　173
オオバタラヨウ　90
オオバチョウチンゴケ　47

索　引

大場秀章　188
オオモンオナガコバチ　104
丘英通　191
岡本半治郎　63
岡本素治　167
オギ　187
オギクキキモグリバエ　187, 191
オギクキフクレフシ　191
オーキシン　77, 112
オーク・アップル　57, 58, 59
オジロアシナガゾウ　92
オーストラリア先住民　35, 126
オナガコバチ類　107
オニタビラコ　76
小野蘭山　28
お歯黒　30, 39-41

カ

カイガラムシ類　91
貝原益軒　29
カキクダアザミウマ　91
樫のリンゴ　38, 39
ガジュマル　110, 171, 172
ガジュマルオナガコバチ　171
ガジュマルコバチ　171
カシワ　79, 98
カシワニセハナフシ　98
カスタステロン　79
カテコール　29
加藤謄太　179, 181
加藤正世　179, 181
カナクギノキ　140
カブラカイガラムシ　91
カプリフィケーション　50
鎌倉彫　39
カミキリムシ類　91
茅茗荷　34
カラコギカエデ　41
ガリル（Galil）　49
ガ類　92
川辺湛　123
上宮健吉　190, 191
キアシタマヤドリコバチ　105

キイロカタビロコバチ　105
寄居者　109
キク科　85, 86
キジムシロ類　83
キジラミ類　89, 91, 113
寄生者　103
キタヨシノメバエ　187, 189, 190
キヅタツボミフクレフシ→キヅタツボミ
　　フシ
キヅタツボミフシ（キヅタツボミフクレ
　　フシ）　192, 193
キヅタミフシ　192
木ふし　47
キブシ　41
木村孔恭　26
キモグリバエ科　92
胸骨　11, 100, 101
共生者　111
巨大細胞　76, 90
魚尾竹　26
『魚尾竹図説』　26
キリ　89
菌えい　24
菌類　90
クキセンチュウ類　90
クコフシダニ　91
クズ　92
クヌギ　92, 99, 102, 110
クヌギイガタマバチ（クヌギエダイガタ
　　マバチ）　99
クヌギエダイガタマバチ　96, 97，→ク
　　ヌギイガタマバチ
クヌギエダイガフシ　97, 99, 104, 109,
　　110, 113
クヌギエダコブフシ（クヌギエダヒメコ
　　ブフシ）　102
クヌギエダヒメコブフシ→クヌギエダコ
　　ブフシ
クヌギエダムレタマフシ（クヌギネモト
　　ムレタマフシ）　62
クヌギネモトムレタマフシ→クヌギエダ
　　ムレタマフシ
クヌギハケタマフシ　98, 104

クヌギハナコツヤタマフシ→クヌギハナ
　チビツヤタマフシ
クヌギハナチビツヤタマフシ（クヌギハ
　ナコツヤタマフシ）　96, 97, 99
クヌギハナカイメンフシ　98, 258
熊沢隆義　198
クモ類　111
クリ　91, 117
クリタマオナガコバチ　104
クリタマバチ　41, 42, 77, 79, 96, 104,
　113, 117-9
クリタマヒメナガコバチ　103, 105
クリノタカラモンオナガコバチ　104
クリフシダニ　91
クリプトコックス　91
クリマモリオナガコバチ　104
クロアシタマヤドリコバチ　105
クロオビカイガラキジラミ　126-35
黒須詩子　68, 146
クロトガリキジラミ　16, 18
クロバネキノコバエ類　111
黒穂菌　33, 35, 68, 90
クロホシゴマダラカミキリ　91
クロマツ　37
クロムウェル　57
クロモジ　140, 141
グンバイムシ類　91
ケヤキ　37, 69
ケヤキヒトスジワタムシ→ケヤキフシア
　ブラムシ
ケヤキフシアブラムシ（ケヤキヒトスジ
　ワタムシ）　37, 69
『蒹葭堂雑録』　26
コアカゲラ　38
コイノバイオント　107, 108
コウガイゼキショウ　75
高次寄生者　103
酵母様共生体　68, 147
コウリャン　35
小暮市郎　161
コツボゴケ　47
コナジラミモドキ属　146, 147, 148
コナラ　27, 61, 79, 91, 92, 98, 99, 110, 153

コナラ属　85, 86
コナラネタマフシ（ナラネタマフシ）
　59, 99
コナラハチビタマフシ（ナラワカメコチ
　ャイロタマフシ）　99
コナラハチビチャイロタマフシ（ナラワ
　カメコチャイロタマフシ）　99
コナラメイガフシ（ナラメイガフシ）
　27, 61, 79, 80, 98, 99, 109, 110
コナラメカイメンタマフシ（ナラメカイ
　メンタマフシ）　62, 79, 80
コナラメリンゴフシ（ナラメリンゴフシ）
　27, 59, 79, 80, 99, 104
コナラワカメビクタマフシ（ナラワカメ
　ハナツボタマフシ）　79, 80
五倍子　21, 27, 32, 33, 41, 45-9, 64
コバチ類　92, 103
コブハバチ類　77, 89, 92
コマユバチ類　103
コムギ　113-4, 178
ゴール　72
　・植物性ゴール　73
　・動物性ゴール　73
ゴール形成者　73
根粒菌　112

サ

細菌類　89
サイトカイニン　112
サクセッソリ　111
ザクロ　33
笹魚　24, 25
ササウオフシ　26
『竹実記』　25, 26
ササラダニ類　124
サザンカ　90
サツマイモ　75
銹菌類　90, 112
シイ　63, 153, 155
シイオナガクダアザミウマ　62, 63, 91,
　110
シイコムネアブラムシ　155
シイマルクダアザミウマ　63, 110

索　引

シイムネアブラムシ　153
シェーファーカタビロコバチ　105
シキミ　88
自己寄生　103
シストセンチュウ類　90
シダ植物　85
シダレヤナギ　42
シダレヤナギエダコブフシ　42
シバヤナギ　156
シバヤナギコブハバチ　157
シバヤナギハウラタマフシ　156, 157
シバヤナギハオモテコブフシ　157, 158
シーボルト　64, 65, 66, 68
シモバシラ　67, 91
シャジクモ　124
消化酵素　77
『鐘奇遺筆』　27
ショウジョウバエ類　111
正倉院　43
『植物妖異考』　26
白井光太郎　26
シラキメタマフシ　192, 193
シラヤマギク　68
シラヤマギクカワリメフシ　24, 68
シリアゲアリ類　111
シロダモ　140
シロダモキジラミ　141, 143
進士織平　94, 200, 201
スイカズラ科　87, 161
スカシバ類　92
スギザイノタマバエ　113
スギタマバエ　113
スギヒメハマキ　123, 124
ススキタマバエ（ススキメタマバエ）　34
ススキノタマバエフシ（ススキメタケノコフシ）　34
ススキメタケノコフシ→ススキノタマバエフシ
ススキメタマバエ→ススキタマバエ
スズメ　38
セイタカアワダチソウ類　121
関本八平　179

線虫類　90
双子葉類　85
双翅類　89
総翅類　89, 91
ゾウムシ類　92
園部力雄　60
ソメイヨシノ　90

タ

ダイズサヤクビレフシ→ダイズサヤタマフシ
ダイズサヤタマバエ　113, 197
ダイズサヤタマフシ（ダイズサヤクビレフシ）　197
タイミンタチバナ　173
タイミンタチバナエダコブフシ　173, 175
タイワンヌルデ　45, 46
タケノウチエゴアブラムシ　143-8
田代貢　167
ダニ類　89, 90, 110
タブノキ　88
田部武久　145
タマカイガラムシ類　74
タマバエ類　71, 86, 89, 92, 100-2, 108, 110, 111
タマバチトビコバチ　105
タマバチ類　71, 85, 89, 92-9, 108, 110
タマヤドリカタビロコバチ　103, 105, 107, 110
タマヤドリコガネコバチ　105
タンナーゼ　77
タンニン　21, 29, 30, 32, 33, 41, 45, 77
タンニン酸　29
高木五六　47
チマキザサ　38
チャールズ2世　57
虫えい　72
チュウゴクオナガコバチ　119
チョウチンゴケ類　46
ツッカリーニ　64, 65, 66
ツツジ　90
ツバキ　90

246　索　引

ツブセンチュウ類　90
ツブラジイ　153
ツルニガクサ　67
寺島良安　27
天狗巣病　75, 89, 90
ドウイロムクゲケシキスイ　111
同翅半翅類　89, 91
トウモロコシのお化け　35, 90
トゲアシカタビロコバチ　105
トゲキジラミ　141, 142, 143
トビイロケアリ　35
トビモンシロヒメハマキ→ヨモギシロフシガ
トルコナラ　119, 120
ドロバチ類　111

ナ

内藤親彦　159, 162
ナライガタマバチ　61, 79, 99
ナラゴウ　26
ナラダンゴ　27
ナラネタマフシ→コナラネタマフシ
ナラメカイメンタマフシ→コナラメカイメンタマフシ
ナラメイガフシ→コナラメイガフシ
ナラメリンゴタマバチ→ナラリンゴタマバチ
ナラメリンゴフシ→コナラメリンゴフシ
ナラリンゴ　27, 57
ナラリンゴタマバチ（ナラメリンゴタマバチ）　79, 94, 99
ナラワカメコチャイロタマフシ→コナラハチビタマフシ, →コナラハチビチャイロタマフシ
ナラワカメハナツボタマフシ→コナラワカメビクタマフシ
ナンキンマメ　75
ニガクサ　67, 91
ニシキウツギ　160
ニシキウツギハコブ　160
ニシキウツギハコブハバチ　161, 162-4
ニシキウツギハコブフシ　159, 163-5
ニトロゲナーゼ　112

ニホン（オオ）ヨシノメバエ　180-4
ニレ類の虫こぶ　77
ヌルデ　27, 28, 45, 47, 48, 64
ヌルデシロアブラムシ　45, 47, 64, 91
ヌルデフシダニ　91
ヌルデミミフシ　64
ネコブセンチュウ類　90
ネマガリダケ　24
ネマトーダ　90
年１化性　13
ノイバラ　110
ノイバラタマバチ（バラタマバチ）　94
ノイバラタマフシ（ノイバラハタマフシ）　104, 110
ノイバラハタマフシ→ノイバラタマフシ
野津裕　122
ノブドウ　67
ノブドウミタマバエ　67
ノブドウミフクレフシ　67

ハ

排出物や排出液の始末（虫こぶ内での）　81-3
ハエヤドリクロバチ類　111
白雲山人　26
ハクウンボク　68
ハクウンボクエダサンゴフシ→ハクウンボクハナフシ
ハクウンボクハナフシ（ハクウンボクエダサンゴフシ）　68
ハクウンボクハナフシアブラムシ　68, 147, 148
ハコブハバチ属　156
長谷川忠崇　24
花ふし　47
ハバチ類　92, 160
ハマキハバチ属　156
浜口哲一　143
ハマネナシカズラ　124
ハモグリバエ科　92
バラ科　85, 87, 161
バラタマバチ→ノイバラタマバチ
ハラビロクロバチ類　103, 107, 109

索　引

ハリオタマバエ類　191
ヒイラギミタマバエ→ヒイラギミフシタマバエ
ヒイラギミフシタマバエ（ヒイラギミタマバエ）　195
ヒイラギミミドリフシ　195
『飛花落葉』　26
ヒゲブトグンバイ（ムシ）　67, 91
菱川清春　26
『飛州志』　24
ヒポクラテス　30
ヒメササウオフシ　26, 38
ヒメハダニ科　90
ヒメバチ，ヒメバチ類　56, 103
ヒメベッコウバチ類　111
ヒメヨシノメバエ　181
ひょんのき　28, 64
平賀源内　26
ヒラズキジラミ　75
平野文明　145
ヒラフシアリ類　111
ピロガロール　29
ビワコカタカイガラモドキ　182
フィロキセラ　114
フウトウカズラ　110
フウトウカズラ（ノ）クダアザミウマ　91, 110
フウトウカズラヤドリクダアザミウマ　110
フクロツノフシ　128, 130
フサカイガラムシ　91
ふし　27, 64
フシダニ，フシダニ類　83, 87, 89, 90
フシナシミドロ類　90
フシノキ　67
フシバチ　92
ブタクサ　121, 122, 123
ブドウトリバガ　67
ブドウネアブラムシ　114
ブドウベト病菌　116
ブナ科　85, 86, 94
ブナ属　87
ブラシノステロイド　80

ブラッドウッド　35
プリニウス　30
古橋勝久　124
ヘクソカズラツボミホソフシ　193, 194
ヘシアンフライ　113
ボルドー液　116
『本草綱目啓蒙』　28
『本草図譜』　64, 69

マ

マイコプラズマ類　89
膜翅類　89
マコモ　33, 68
マコモ墨　39, 40
マコモタケ　33, 34, 39
桝田長　59, 85, 94, 99, 199, 201
マタタビ　28, 67
マタタビミタマバエ　28, 30, 67
マタタビミフクレフシ　28, 31, 67
マダラケシツブゾウ　122
マツノコブ病菌　37
マツバノタマバエ　113
松蜜　37
松村松年　61
マメ科　86, 112
マメダオシ　124
マルピーギ　23
マンリョウ類　90
ミカンツボミタマバエ　113
ミズナラ　35
ミズナラエダムレタマフシ　35
ミズナラメウロコタマフシ　38
ミバエ科　92
耳ふし　47
三好浩太郎　61
ミヨシコバンゾウ（ムシ）　60, 61, 67, 92
向川勇作　61, 62, 94
ムクノキ　135, 136
ムクノキキジラミ（ムクノキトガリキジラミ）　135-9
ムクノキトガリキジラミ→ムクノキキジラミ
ムシクサ　60, 61, 67, 92

ムシクサゾウムシ 67
虫こぶの名称 74
ムシダマオナガコバチ 104
無食子 43
メコブハバチ属 156
モウソウタマコバチ 92
木酢酸鉄 32
木天蓼 31
餅病菌 90
没食子 21, 32, 43-5
没食子酸 29, 30
森本桂 124
モロッコ革 32
モンゴリナラ 98
モンゼンイスフシ（イスノキエダチャイロオオタマフシ） 64, 149, 151, 153, 154
モンゼンイス（フシ）アブラムシ 153
門前弘多 26, 94, 160

ヤ

ヤシャブシ 41
安松京三 94
ヤドリギアブラムシ属 147, 148
ヤドリギ属 147
ヤナギ科 86
ヤナギラン 142
ヤナギ類 87, 92, 161
ヤノイスアブラムシ 79, 153
ヤブコウジクキコブフシ 173, 174, 175
ヤブコウジミフクレフシ→ヤブコウジミフシ
ヤブコウジミフシ（ヤブコウジミフクレフシ） 193, 195
ヤブニッケイ 111
ヤマガラ 38
ヤマコウバシ 140
ヤマダンゴ 27
ヤマトハマダラミバエ 87
『大和本草』 29
湯川淳一 190, 201
ユーカリ 35, 36
遊離アミノ酸 77
ヨウジュノクダアザミウマ 91, 110
吉田元重 170
ヨシノノメバエコガネコバチ 182, 183, 185, 186
ヨシノメバエコマユバチ 182-5
ヨシメフクレフシ 179, 180
ヨツボシクサカゲロウ 31
ヨモギ 87, 123
ヨモギシロフシガ（トビモンシロヒメハマキ） 123
ヨモギ類 87

ラ・ワ

ライリー 116
裸子植物 85
輪形動物 90
レグヘモグロビン 112
『和漢三才図会』 27, 28, 32
ワムシ類 90

学名索引

Acophila mikii 170
Adelges japonicus 211
Agrobacterium 90
Aiolomorphus rhopaloides 211
Aleurodaphis 146,147,148
　takenouchii 146
Ametrodiplosis 219
Amphibolips confluentus 38
Andricus 54,93,119
　gallae-urnaeformis 23
　kollari 120
　mukaigawae 61,62,99,213
　saltatus 55
　saltitans 70
　targionii 99
Anguina 90
Anoplophora lurida 91
Aphidoletes 102
Aphidounguis mali 214
Asphondylia 87,175,192,194,195,
　　196,216,217,218,219
　aucuba 218
　baca 217
　diervillae 219
　morivorella 215
　sphaera 197, 218
Astegopteryx 146, 148
　takenouchii 146
Asteralobia patriniae 219
　sasakii 217
　styraci 16, 218
Asterolecanium tokyonis 214
Astromyia carbonifera 69
Aylax 93
　salviae 37

Bacterium 90
Benzoin 140

Biorhiza 93
　aptera 58
　pallida 57,58,59
　weldi 59,99,213,214
Blastophaga 50,54
　callida 173
　ishiiana 170
　nipponica 167
　pumilae 173
Blennocampa 161

Caenacis 106
Callirhytis 54
Carpocaspa saltitans 70
Catoptrica intacta 220
Celticecis japonica 38,125,214
Celtisaspis 130, 135
　beijingana 133
　guizhouana 133
　japonica 127,130,133,214
　liaoningana 133
　sinica 133
　usubai 127,130,133,214
　zhejiangana 127,133
Ceratovacuna nekoashi 16,68,218
Charips 93
Colopha moriokaensis 69,214
Contarinia inouyei 211
　matsusintome 211
Copium japonicum 67,219
Craspedolepta nebulosa 142
Cronartium quercuum 37,211
Cryptococcus 91,213
Cynipencyrtus flavus 105
Cynips 93
　divisa 106
　gallae-tinctoriae 44
　saltatoria 55,69

Daphnephila machilicola 215
Dasineura 102
　wistaria 216
Dendrocopos minor 38
Diastrophus 93, 216
Dinipponaphis autumna 215
Diplolepis 76, 81, 93, 110
　japonica 94, 216
　rosae 30, 43
Diraphia jezoensis 212
Disholcaspis cinerosa 42
Ditylenchus 90
Dryocosmus kuriphilus 96, 117
　deciduus 37
Dryophanta mukaigawae 61, 62

Epiblema sugii 123, 220
Eriosoma 77, 214
Eucoila 93
Eudecatoma 106
Eufroggatia 171
Eupelmus 106
　urozonus 103, 105
Euprista okinavensis 171
Eurytoma 106, 177, 178
　brunniventris 103, 105, 110
　rosae 105
　schaeferi 105
　setigera 105
Euura 92, 156, 158, 161
　mucronata 159
　shibayanagii 158, 212
Exobasidium 24, 90

Fagus 87
Ficus 54, 166
　carica 50
　sycomorus 49

Geromyia nawae 211
Giraudiella 189, 190, 212
Goniogaster gajumaru 171
　inubiwae 167

Gymnetron miyosii 61, 67, 219

Hamamelistes kagamii 215
　miyabei 215
Hamiltonaphis 147, 148
　styraci 218
Hartigiola annulipes 84
Hasegawaia sasacola 26, 211, 212
Heterodera 90
Heteropeza 101
Hemipteripsylla matsumurana →
　Togepsylla matsu.
Homoporus 177, 178
Hoplocampoides 161, 162, 219
　xylostei 161
Hormaphis gallifoliae 215

Ibalia 93
Idarnes 198

Kaltenbachiella 214
Kleidotoma 93
　japonica 93

Lasioptera 102
　achyranthii 215
　callicarpae 219
　euphobiae 220
　impatientis 217
Latibulus argiolus 56
Leeuwenia pasanii 63, 214
Lestremia osmanthus 195
Lindera 140, 142
Liothrips kuwanai 212
Lipara fligida 191
　japonica 181, 212
　rufitarsis 181
Litsea 140, 142
Lonicera 161
Lygocecis yanagi 212
Lyssotorymus laevigatus 104

Macrohomotoma 135

Mayetiola destructor 113
Megastigmus habui 104
　maculypennis 104
　nipponicus 104
Melanagromyza paederiae 219
　websteri 216
Meloidogyne 90
Mesalcidodes trifidus 217
Mesopolobus 106
Metanipponaphis 155
　cuspidatae 216
　rotunda 155,216
Miastor 101
Monzenia globuli 215
Mycodiplosis 111
Mycophila 101,113
Mycoplasma 89
Myzus mushaensis 216
　sakurae 216
　yamatonis 216

Neothoracaphis yanonis 215
Neuroterus 54,56,93,110
　saltatorius 55
Nipponaphis distiliicola 216
　distychii 216

Odontofroggatia 171,173
Oedaspis japonica 220
Oemyrus flavitibialis 105
　punctiger 105
Olynx japonicus 105
Orseolia miscanthi 34,212
Otitesella 171
　ako 170

Pachypsylla 130
　japonica 126,128
　mamma 131
　usubai 128
Paranthrene pernix 219
Paratephritis takeuchii 220
Pediobius 105

Periclistus 93,110
Philotrypesis 171
Phyllocolpa 156,161
Phylloxera vastatrix 115
Pitydiplosis 217
Plasmopara viticola 116
Platigaster 69
Polemochartus 185
　nipponensis 182,184
Pontania 77,92,156,158,161,164
　femoralis 158
Ponticulothrips diospyrosi 218
Proales 90
Protomyces inouyei 76
Pseudasphondylia matatabi 30,217
　neolitseae 215
　rokuharaensis 219
Pseudeurina miscanthi 212
Psylla kuwayamai 140

Quadrartus yoshinomiyai 216
Quercus 54,86,108
　cerris 119
　infectoria 44,45
　robur 119

Rabdophaga 87,109
　rigidae 212
　rosaria 212
　salicis 42,212
Rhizobium 90,112
Rhodites japonicus 94
Rhopalomyia 87
　cinerarius 220
　giraldii 220
　struma 220
　yomogicola 220
Rhytisma 24
Rusostigma 217

Schlechtendalia chinensis 45
Sebastiania 70
Semiotellus sasacolae 69

Sinonipponaphis monzeni 216
Smycronyx madaranus 122,219
Spaniopus sasacolae 69
Spinancistrus nitidus 69
Spondyliaspis eucalypti 36
Sycophila 177
　variegata 105
Synergus 93,106,110
Syntomaspis 106

Tetramesa 176,177,178,179,212
Tetraneura 214
　akinire 214
Tetrastichus 105,106,174,175,176,
　218
　ardisiae 174,175,176
Thecodiplosis japonensis 211
Togepsylla matsumurana 140,215
　= **Hemipteripsylla matsumurana**
Torymus 106
　beneficus 104
　geranii 104
　ringofushi 104
Trichagalma serrata 96,99,214

Trichococcus napiformis 214
Trioza 214
　berchemiae 217
　brevifrons 137
　cinnamomi 215
　machilicola 215
　nigra 16,218
　ukogi 217
Trogocryptoides 111
Tuberaphis 147,148
Tuberocephalis sasakii 216

Usubaia liparae 182,185
Ustilago 90
　esculenta 68,212
　onumae 111,215
　zeae 35,212

Viteus vitifolii 115

Weigela 161

Xanthomonas 90
Xestophanes 83

「増補版」刊行にあたって

　本書の初版刊行（1995）以来10年あまりたち，虫こぶの研究も急激に進んだ。しかし，最も特筆すべきことは，出版の遅れていた『日本原色虫えい図鑑』（湯川・桝田編著，1996）の刊行であろう。これにより，虫こぶ（ダニによるものを含む）に関する当時までの情報の蓄積を知ることができる。虫こぶの研究者のみならず，他分野の研究者および一般の自然愛好者を裨益すること大であると思う。

　今回，『虫えい図鑑』の刊行をふまえて，その後10年の進展の一部を加えて増補改訂版をなすことになった。思いのほか，多くの読者に恵まれたことをうれしく思っている。

　増補版については，次のように改訂・増補を行った。
① 本文に関係深い虫こぶを中心にし，一部に菌類による虫こぶ（菌えい）をカラー図版として追加した。
② 旧版脱稿後，新しく明らかになったりした虫こぶ関係の研究のうち，本文および著者に関係深いものについて，追加・補足を行った（p.253-271）。
③ 虫こぶやそれをつくる虫の名については，本文では旧版のままにした。
④ しかし，索引（p.241-248）では，『虫えい図鑑』での名称を併記した。
⑤ 付録（B）「日本で普通に見られるゴール」の［ゴール・リスト］（p.211-220）については，虫こぶ名その他はなるべく『虫えい図鑑』でのものに揃えるようにした。

　あとがき（p.222）に謝意を申し述べました方々に，重ねて御礼申し上げます。また，増補版刊行にあたってご指導・ご協力を頂いた徳田誠・上地美奈・光枝和夫氏他の方々に感謝申し上げます。

エゴノキのタマバエによる虫こぶ [参照p.9-20]

　本文で,生活史について不明な点が多いとしておいたエゴノキニセハリオタマバエはやはり年1化性で,4月に(次の年に開芽する)側芽に産卵し,1齢幼虫で越夏・越冬することがわかった。長い1齢期間はまだ虫こぶが目立たず(5月-2月),早春に急激に虫こぶ(エゴノキハツボフシ)が成長する。そのためか寄生蜂の攻撃を受けることが少ない。わずかにオナガコバチ類 *Torymus* sp.を浦和で観察しただけである。

　エゴノキニセハリオタマバエは,はじめ *Asphondylia* 属,ついで *Asteralobia* 属とされた。しかし,全体黒色で頭部に一対の突起の目立つ蛹の形態など,いくつかの特異な形質をもとにして,本種をタイプとして新属 *Oxycephalomyia* が創設された(Tokuda and Yukawa, 2004)。したがってエゴノキニセハリオタマバエの学名は,*Oxycephalomyia styraci* (Shinji)となる。

　また,本文でとりあげたエゴノキの葉に見られる6種のタマバエによる虫こぶ[p.16]のうち,エゴノキヒラタマルフシは *Contarinia* sp.,ハウラケフシは *Dasineura* sp.(いずれもタマバエ科)によると,幼虫の形態から判明したという(Tokuda et al., 2006)。

　なお,本文でエゴノキミフシとしたものはエゴノキツボミフクレフシ,エゴノキメ(ツボ)フシとしたものはエゴノキメフクレフシと同名と思われる。

　ここでの6種以外にも,さらに2種ほどタマバエによる虫こぶが知られてきた(Tokuda et al., 2006)。寄主上でのタマバエの共存や種分化のしくみについての関心が高まっている。

　[文献]
・Tokuda, Nohara, Yukawa, Usuba and Yukinari (2004) *Oxycephalomyia*, gen. nov., and life history strategy of *O. styraci* comb, nov. on *Styrax*

japonicus. Ent. Sci. 7: 51-62
・Tokuda, Nohara and Yukawa (2006) Life history strategy and Taxonomic position of gall midge inducing leaf galls on *Styrax japonicus.* Ent. Sci. 9 : 261-268

エゴノキにできた大きな虫こぶ [参照p.143-149]

　上記のタイトルで，エゴノキにこぶしよりひとまわり以上大きい虫こぶが，写真とともに紹介されたときはびっくりした（青木・黒須，1999）。その大きさもさることながら，撮影場所がよく足を運んでいる浦和の秋ヶ瀬公園というので，二重の驚きだった。

　写真は昆虫写真家の新開孝氏によるもので，サンゴ状に細かく枝分かれし表面に小孔が開く。青木氏らは，この虫こぶをヤドリギアブラムシの1種（*Tuberaphis* sp.）によるものと推定された。筆者も早速現地を探索したが，エゴノキにも，2か所あったヤドリギにもヤドリギアブラムシを見つけられなかった。

　次の年には，東京都八王子市の都立大学（現首都大学東京）のキャンパスで，同種と思われる乾固した虫こぶが報告された（山崎，2000）。大きい方は長径16 cm，短径10 cmにもなる見事なものであった。

　その後各地から，この虫こぶが発見され，二次寄主のヤドリギ上で先に発見されていたヤドリギアブラムシ（*Tuberaphis coreana* Takahashi, 1933）の，一次寄主（エゴノキ）上での虫こぶ（エゴノキオオサンゴフシとでも呼ぼうか！）と考えられるようになった。

　筆者のところにも，京都市芦生（2003年8月24日　2005年6月11日　光枝和夫氏採）・長野県大町市（2005年7月3日　宮田渡氏採）・栃木県高根沢町（2006年6月24日　中村和夫氏採）から"生"の虫こぶなどが送られてきて，その"迫力"を実感し，またアブラムシの様子も観察できた。虫こぶの外観は，同属のタケノウチエゴアブラのものとはだいぶ違う。

さて今度は、ヤドリギ上のヤドリギアブラムシを探そうとあちこち歩いた。そして実習地のある黒姫山(くろひめやま)近くの長野県信濃町(しなのまち)で、ミズナラについたヤドリギの葉にびっしりついていたのに会うことができた。この付近でエゴノキは見かけない。ふだんはヤドリギだけで生活し、うまくいったらエゴノキ上で虫こぶをつくって有性生殖という生活（任意移住）をしているのだろう。エゴノキに移住して虫こぶをつくるのは、いわば"出かせぎ"というかオプションのようなもの。だからもともとエゴノキ上のヤドリギアブラムシの虫えいは見かけることが少ないとも言える。しかし、近年"急に"発見の報告が多くなったのはどうしてなのだろうか。

実は、「ヤドリギのアブラムシを探して」という話は以前からあり、それで見つけたものに、平塚市(ひらつかし)や屋久島(やくしま)のオオバヤドリギ上のハベリタマフシとでもいうか、正体不明の虫こぶがある。もう一つはアブラムシではなくキジラミであった。

赤城山(あかぎやま)中腹の箕輪(みのわ)で、小暮市郎氏とヤドリギの枝を調べたら、アブラムシならぬキジラミの幼齢幼虫が見つかった。枝ごと持ち帰って、東京で羽化させた（1997年5月31日 など）。

このキジラミは、広島（1996年1♀1♂ 宮本正一氏採）や大阪府葛城山(かつらぎさん)（1997年7月20日1♀、宮武頼夫氏採）での標本に加えられ、宮武頼夫氏によりヨーロッパから知られている *Psylla visci* Curtis, 1835と同種とされた。ちなみにこれは日本初記録であるという（昆虫学会大会発表）。

［文献］
・青木重幸・黒須詩子（1999） エゴノキにできた大きな虫こぶ．インセクタリゥム 10月号：p.17
・山崎柄根（2000） エゴノキの巨大ゴール発見．インセクタリゥム 9月号：p.26

タマバチによる虫こぶ ［参照p.79-80, 92-99］

『日本原色虫えい図鑑』(1996)で，桝田長氏がタマバチの虫えいについて長年の努力の成果を発表された。とくに飼育によって，単性世代虫えいと両性世代虫えいとの交代を確かめられた点は，私ども後進のものにとっての便宜ははかり知れない。DNA分析などで，世代交代の研究が進めやすくなったとしても，先行研究として価値はますます重要となろう。

先日，桝田氏のご遺族の方から「書斎を整理していたら宛名書き済みの郵便物があった。恐らく入院直前のもの」として資料が届いた。きちんとした性格が偲ばれる筆跡に"在野"の研究者としての大先達に，あらためて感謝し，ご冥福をお祈りした。果樹園を営まれていたので，果樹を包む"袋"がタマバチを産卵させるのによいとか，いろいろアドバイスをいただいた。いくら標本を送っても「それはMasuda 374Bで単性世代は……，要再実験。」との返事がかえってくる。足もとどころか，"影"にも届かないと何度思ったことか。

本文では，虫えい名その他の混乱を避けるためもあり，生前の桝田氏からの私信などで得た情報にあえて触れなかった点がある［p.99］。今回は，本文中でとりあげたタマバチ類に限定して，上記図鑑，桝田(1997)，および私信などをもとにして，虫えいの世代交代を整理してみた［p.99参照］。

タマバチ名	単性世代虫こぶ	両性世代虫こぶ	参照ページ
クヌギエダタマバチ （種名未確定）	クヌギエダタマフシ ［クヌギエダムレタマフシ］	クヌギワカメマルズイフシ	［p.62］
クヌギハナカイメンタマバチ *Neuroterus vonkuenburgii*	クヌギハケタマフシ	クヌギハナカイメンフシ	［p.98, 104, 105］
ナラメカイメンタマバチ *Aphelonyx glanduliferae*	ナラハウラマルタマフシ	（コ）ナラメカイメンフシ ［コナラカイメンタマフシ］	［p.62, 79, 80］
ナラワカメハナツボタマバチ *Neuroterus moriokensis*	ナラワカメハナツボタマフシ ［コナラワカメビクタマフシ］	ナラハナケタマフシ	［p.79, 80］

[文献]
・湯川淳一・桝田 長（1996）『日本原色虫えい図鑑』pp.826 全国農村教育協会
・桝田 長（1997）『日本産タマバチの研究』pp.109 著者自刊

イスノキの虫こぶ

　イスノキは関東以北には自生していない。しかし，公園木や庭木として大量に移植されるようになってきた。もし虫こぶつきで移植され，近くに二次寄主があれば，アブラムシは寄主転換が可能となり，持続的に生活できることになる。

　イスノキに虫こぶをつくるアブラムシには，寄主転換をしない型もある［p.153］。この型のものは関東以北に定着しやすい。そのような意味で，次なる"新参者"として可能性の高いものとして，イスハコタマフシをあげておいた［p.152］。

　1997年ごろだろうか，イスノキにつくアブラムシの攻撃性や，虫こぶの形成過程を調べたいので適当な場所を教えて，ということで，青木重幸・黒須詩子両氏を東京湾岸夢の島公園に案内したことがある。

　この公園の内外には，栽植されたイスノキが多く，イスノキエダチャイロオオタマフシに混じってイスハコタマフシがついていた。予想は当たった。

　ここでの（？）虫こぶを用いて青木氏らは，やがて虫こぶ内の（兵隊ではない）1齢幼虫が，実験的に導入した蛾の幼虫を攻撃する行動を発表している（Aoki et al., 1999）。

　東京では，以前多かったイチジク型のイスノキエダナガタマフシより，かえってイスノキエダチャイロオオタマフシの方が目立つようになった気がする。この虫こぶをつくるアブラムシ（幼虫）が，"共同して"外敵などに壊された虫こぶの外壁を修復することがわかった（Kurosu et al., 2003；黒須，2005）。

"傷口"付近に集まってきた幼虫は，その背面にある角状管から白いゴム状の液を出し，かきまわして，しぼんで死んだアブラムシも一緒に傷口をのり付けしてしまうのだという。

物見高いハシブトガラスに，ちょっかいを出され大穴の開いたこの虫こぶを何度も見ていた。こうなったらもう駄目だなと，中をのぞいても見なかったのは誰でしょう。今のところこの"社会的"行動は，このモンゼンイスアブラムシでしか観察されていないという。

[文献]
- Aoki, Kurosu, Shibao, Yamane and Fukatsu (1999) Defence by Few First-instar Nymphs in the Closed Gall. J. Ethol. 16 : 91-96
- Kurosu, Aoki and Fukatsu (2003) Self-sacrificing gall repair by aphid nymphs. Proc. R. Soc. Lond. B (Suppl.)
- 黒須 (2005) モンゼンイスアブラムシ―左官職人。国立博物館ニュース，434 : 6-8

カイガラキジラミ類2種の分布 [参照p.125−135]

"lerpe"を持つキジラミとして特異な*Celtisapis*属は，日本に2種，中国では5種知られている。日本の2種の系統や分化を考えるには両種の分布の把握が欠かせない。その分布は，現在次のようにまとめられている(Miyatake, 1994; 宮武，2006)。

① エノキカイガラキジラミ *Celtisapis japonica* (Miyatake, 1968)の既知産地

本州(栃木・山梨・長野・滋賀・大阪・奈良・兵庫・岡山・鳥取・島根)，九州(福岡)，朝鮮半島，中国

② クロオビカイガラキジラミ *C. usubai* (Miyatake, 1980)の既知産地

本州(青森・岩手・埼玉・茨城・東京・千葉・神奈川・静岡・福井・三重・滋賀・京都・和歌山)

エノキカイガラキジラミは，分布が北に片寄るエゾエノキにも

虫こぶをつくる（薄葉，1989）。山梨県長坂町・大泉町でもエゾエノキについていた（2003年6月8日）。山梨県の記録は不確実（Miyatake, 1994）とされていたが，これで確実になった。

また，埼玉での正式な記録が欠如しているのに気づいたので，付記する。

埼玉県浦和市（田島ヶ原他），芦ヶ久保（県民の森，2002年10月11日 エゾエノキ），上里町（2003年5月4日），熊谷市（2006年10月9日，園部力雄氏採）。

クロオビカイガラキジラミは，関東・近畿の太平洋側に分布するのではと考えていたが，青森・岩手と東北地方にも分布しているのは興味深い。山形県立石寺付近のエゾエノキからの虫こぶ，lerp（2002年6月16日）も，クロオビと考えられる。今後，東北・日本海側の分布調査が望まれる。

なお，これでカイガラキジラミ属2種の分布記録のあるのは，滋賀県と埼玉県ということになる。

［文献］
・宮武頼夫（2006）「カイガラキジラミ属2種の分布」Rostaria, No. 52

ムクノキトガリキジラミの学名 [p.135-140]

ムクノキトガリキジラミは，ムクノキの葉の2本の側脈を接近させ，その脈間の葉肉を葉表側に細長くふくらませた虫こぶをつくる。この虫こぶにはとりあえずムクノキハスジフクレフシと名づけておいた（薄葉，2004）。この虫こぶ内には，より基部の葉から"移動してきた"多数の幼虫が見られる。

本文では，このキジラミを $Trioza$ sp. としておいたが，松本浩一氏により，新種として記載された（Matsumoto, 1996）。本文（p.135-140）で述べたような，本種の生活をも付記したいとのことで，学名を $Trioza\ usubai$ Matsumotoとされた。ありがたいこと

である．本種の分布は関東から近畿・中国で，ムクノキ以外の宿主は知られていない．

[文献]
・Matsumoto (1996) A new species of the G. *Trioza*, gall-maker on *Aphananthe aspera* from Japan. Jpn. J. sys. Ent., 2-1 : 39-43

ニシキウツギハコブハバチの学名 [p.159−166]

ニシキウツギハコブハバチが，葉に産卵すると，"それに伴う"刺激だけで，かなりの大きさの虫こぶがつくられる．小暮市郎氏と，陽が傾くまでがんばって採集した5雌をもとにして，内藤親彦氏によって *Haplocampoides longiserrus* Naito という学名が与えられた．基産地は榛名山（群馬県）で，現在まで雄は採集されていない．

虫こぶの形が特異なので，もっと各地に分布しているのが判明するだろう．本州では群馬（水上町など）・栃木（塩原）・長野（上高地）から，九州（英彦山）から知られている．英彦山では寄主はツクシヤブウツギであるという．谷川岳付近ではタニウツギで本種と思われる虫こぶを見ている．

[文献]
・Naito and Usuba (1995) A New *Haplocampoides* Making Leaf Galls on *Weigela decora* from Japan. jpn. J. Ent. 63-4 ; 735-738

シバヤナギハオモテコブハバチの学名
[参考p.156−159]

本文において，房総半島の鋸山から得た"ホットドック用のパン型"の虫こぶから得たシバヤナギハオモテコブハバチ（1♀, 1♂）を，*Euura shibayanagii* Togashi & Usuba とした（Togashi & Usuba, 1980）．外国の *Euura* 属には，どうも葉に虫こぶをつくるものは知られていないようだし，逆に *Pontania* 属にはソーセージ状の虫こぶをつくるものがあるので，"生活"の方から少し疑念があ

るとしておいた。

　幼虫・成虫の特徴からも *Euura* 属ではなく *Pontania* 属とする方が妥当との指摘があった（湯川・桝田，1996）。したがってシバヤナギハオモテコブハバチは，*Pontania shibayanagii* (Togashi & Usuba) となる。なお，湯川・桝田，1996, p.375-376 では，内藤親彦氏により *Pontania, Euura, Phyllocolpa* 3属の形態比較がなされている。

カタビロコバチ（科）による虫こぶ [参考p.176-179]

　カタビロコバチ科に属するコバチの大部分は寄生者であるが，一部に植物食（種子食・虫こぶ）のものがある。しかし，なかには初期には"寄生的"で動物食，後に植物食に変わるものがある。

　虫こぶをつくるものとして，日本からモウソウタマコバチ *Aiolomorpha rhopaloides* Walker が，モウソウチク・マダケ・ハチクに，それぞれエダフクレフシをつくる［マダケコバチ *Gahaniola phyllostachitis* Gahan も竹の枝の内部を害するが，組織を肥大させないので，虫こぶ形成者とされていない（上条，虫えい図鑑 1996, p.395-396)］。

　これらのエダフクレフシからは，タマコバチだけでなく，モウソウタマオナガコバチ *Diomorus aiolomorpha* Kamijo やモンコガネコバチ *Homoporus japonicus* Ashmead 他のコバチが脱出してくる。前者は，少なくとも幼虫後期には虫こぶの壁を食べているので寄居者，後者は寄生者と思われる。

　浦和付近でも竹林が減って，調べにくくなってきた。これまた少なくなった竹ぼうきの"新品"を探すと，タマコバチやその他のコバチの脱出孔のある枝先を見つけられよう。

　本文で，アオカモジグサクキコブフシを紹介したが，今回屋久島から，*Tetramesa* 属のカタビロコバチによるダンチクの虫こぶ

を得た（薄葉，2005）。

この虫こぶ（ダンチククキコブフシ）は，ダンチクの主稈や側枝の壁をこぶ状に肥大させ，虫室は壁内にあり円筒形で，数個が隣接することもある。葉鞘にかくれているので，今まで発見されなかったのだろう。これで，虫こぶをつくる*Tetramesa*属のコバチは，日本で2種になった。

同定していただいた上条一昭氏によると，フランス・イタリアでダンチクに虫えいをつくる*Tetramesa romana*（Walker）が知られているという。なお，同時に*Eurytoma* sp.（5♀），*Eupelmus* sp.（1♀）のコバチが脱出したことを付記する。

クロスジホソアワフキムシの虫こぶ [p.75, 91]

野外で調べていると，変形の程度が低くて，虫こぶとしてよいかどうか迷うことがある。逆に，変形が目立っても虫こぶとされないものもある。ハモグリバエ類の*Melanogromyza paederiae*は，ヘクソカズラのつるの節のあたりをふくらませる。"こぶ"はかなり目立つが，幼虫の直接の影響ではないとして，虫こぶとして扱われていない（湯川・桝田，1996；p.407）。

以前から，サクラの葉をたてに巻き，その中に泡に埋もれて数匹のアワフキムシ幼虫がいるのが気になっていた。

外国の，虫こぶをつくるアワフキムシとして著名な*Philaenus spumarius* L.はトクサを含む120種にもおよぶ植物を寄主としている。葉のみならず，花序にも著しい変形をもたらす（Meyer, 1987；Shorthouse・Rohfritsch, 1992）。

サクラの"泡つき葉巻"は，"著しい変形"の写真にくらべると，アワフキムシ脱出後の変形も弱く，虫こぶにしてよいか，迷っていた。

まずはアワフキムシの種名を確かめようと，八王子市城山のヤ

マザクラのものを都内のサトザクラに移し（1982年4月26日）羽化させた。また，日光中禅寺のオオヤマザクラのもの（1989年6月11日）を都内のサトザクラに移し，羽化させることができた（1989年6月27日）。羽化殻のまわりには，泡が乾いた白い壁が円形に残っている。このアワフキムシはクロスジホソアワフキ *Aphelaenus nigripectus*（Matsumura）であった。

　Sugiura・Yamazaki（2003）は，寄主として，オオシマザクラ・ソメイヨシノ・シダレザクラ（エドヒガン）をあげているが，ヤマザクラ・カスミザクラ・ミヤマザクラ（山梨県櫛形山）・リョクガクザクラ（マメザクラ）でも見ている。

　京都愛宕山(あたごやま)の月輪寺のしぐれ桜の"しぐれ"は，特別な排水のしくみをもったサクラではなく，このクロスジホソアワフキの，多数の幼虫の分泌物であった。これを明らかにしたのは六浦　修氏率いる女子高生で，"しぐれ"の最盛期には1日60*l*にもなるという（長谷川仁，1991）。

　さてこの"泡つき葉巻"は変形・変色も弱いので，虫こぶとしてよいのだろうか。また，変形のもととなる刺激が吸汁によるものなのか，泡そのものなのかをはっきりさせたいと思っていた。

　Sugiura・Yamazaki（2003）は，このアワフキムシ幼虫が，葉の主脈を吸汁することで，何らかの刺激が葉身部に達し，葉縁が葉裏側にカールしてくることを明らかにした。そして，これが日本のアワフキムシによる虫こぶ第1号とした。

　"泡つき葉巻"は，一般の虫こぶより開放的だが，泡は保湿・外敵からの防御に役立つ。とすれば，これは虫こぶのソフトな外壁のようなものか。

　このようなアワフキムシの虫えいはセラウェシでも見ている。注意すればもっと多く記録されると思う。

　［文献］
・Sugiura and Yamazaki（2003）Gall-formation by Spittlebug, *Aphelaenus*

nigripectus. Ent. sci. 6 : 223-228
・長谷川仁［編］（1991）昆虫と会おう（泡に守られたアワフキムシ―渡辺宗朋　p.67-74）pp.231,誠文堂新光社

ゲッケイジュトガリキジラミの侵入
[参照p.117－124]

　渋谷の駅の近く，コンクリート桝に植えられていた2mほどのゲッケイジュの葉の縁や葉先が巻き込み，少し黄緑色になっていた。中をのぞいたら，キジラミの幼虫が数匹見えた（2006年6月19日）。同日，帰宅の途中，3か所でこのキジラミによる"ゲッケイジュハベリマキフシ"を発見した（埼玉県さいたま市根岸）。

　標本を送ったところ，恐らく*Trioza alacris* Flor.であろうとの同定結果が宮武頼夫氏から届いた。このキジラミが *T. alacris* とすると，ヨーロッパ・北アフリカに分布し，南北アメリカにも侵入している，かなり有名（？）な種である（Felt, 1940 ; M. S. Mani, 1964 ; T. N. Anan., 1984 ; Meyer, 1987）。少し古いが，同じクスノキ科の *Persea* 属（アボカド類）につくという記述もある（Felt, 1940）。

　現在までのところ，東京・埼玉だけの記録であるが，恐らくもっと広く分布していると思う。渋谷の新築直後の大学の，移植されたばかりの若いゲッケイジュにすでにハマキフシが見られた。苗圃での感染（！）が予想される。

　ヨウシュヤマゴボウミフシ（p.268），ハリエンジュハベリマキフシ（p.266），そしてゲッケイジュハベリマキ。すべて寄主は古くからのエイリアン（Alien!）ではないか。そして，それらの植物に日本では今まで記録のなかった虫こぶ形成者が増えてきた。虫こぶ形成者の方も，多くはエイリアンだろう（p.270）。今でも外国から苗木が輸入されているのだろうか。苗木と一緒ではなく，別ルートで侵入しているのだろうか。とにかく目を離さず，見守っていこうと思っている。

[文献]
・J. Meyer (1987) Plant galls and Gall Inducers pp.291

ハリエンジュハベリマキタマバエの侵入
[参照p.117－124]

　古くから街路樹・公園樹として栽植されているプラタナス（多くはモミジバスズカケノキ）に"新しく"プラタナスグンバイムシが加害しているのがわかった。2001年に名古屋で発見されてから急激に分布を拡大している。

　同様に，1877年はじめて日本に移入されたというハリエンジュ（ニセアカシア）に，移入後125年（2002年）新しく虫こぶ（ハリエンジュハベリマキフシ）が発見された（Kodoi et al., 2003）。宇都宮の園部力雄氏から，標本・写真が送られてきて（2004年8月），九州ばかりではなく，関東にもやってきたかと探索を始めた。すぐに群馬県前橋（小暮市郎氏）や東京都（水元公園）・埼玉県浦和・群馬県（水上町）にも分布していることがわかった。

　虫こぶから直接羽化したのは，ハリエンジュハベリマキタマバエ *Obolodiplosis robiniae* (Haldmann)で，北米原産だが近年，日本・韓国・イタリア・旧チェコスロバキアへの侵入が報じられている（上地他，2005）。

　原産地では年一化性とのことであるが，日本では多化性のように思われる。関東では夏－秋に多いが，6月の記録（6月17日 桐生市，小暮市郎氏）もある。現在，越冬状態について日本での観察例は報告されていないようである。恐らく何らかの方法で，近年日本に侵入したものと思われる。

[文献]
・Kodoi, H-S. Lee, Uechi and Yukawa (2003) Occurrence of *Obolodiplosis robiniae* in Japan and South Korea. ESAKIA, 43 : 35-41
・上地・湯川・薄葉（2005）最近各地で発見されている侵入害虫ハリエ

ンジュハベリマキタマバエ *Obolodiplosis robiniae* の分布情報と蛹の形態記載　九病虫研　会報51；84-93

ダイズサヤタマバエの冬寄主　[参照 p.195, 197]

　本文で「なかなか手強いですよ」とされていたダイズサヤタマバエの研究が急速に進んだ。手段として有効だったのがDNAの分析であり，それを支えたのが，ダイズサヤタマバエを含むハリオタマバエ類の生活史に関する長年にわたる研究の蓄積であると思う。ハリオタマバエ類の成虫の形態はたがいに似ており，かなりの（！）害虫でもあるのに，今まで学名さえ決定されていなかった。

　ダイズサヤタマバエは，冬には卵・幼虫・蛹・成虫が全て死んでしまうので，駆除のためにも冬寄主が何かが問題となる。冬寄主の探索が続けられ，秋−初冬に産卵・初夏に成虫羽化というパターンのハリオタマバエによる虫こぶが候補となった。DNA分析用のシラキメタマフシ・ツルウメモドキミフクレフシの採集にも協力した。

　ミトコンドリアDNAの分析から，バクチノキミタマバエと，ダイズサヤタマバエとが一致し，ダイズサヤタマバエの冬寄主はバクチノキということになった。そして，これらの事実を踏まえて *Asphondylia yushimai* Yukawa and Uechi と学名も与えられた（Yukawa et al., 2003）。1918年に山梨県で発見されて以来85年後ということになる。たしかに手強い相手だった。

　ところがこれではまだ問題が残っている。ダイズサヤタマバエは，北海道を除いて青森以南・奄美大島・インドネシア・中国に分布する。今回冬寄主とされたバクチノキは房総半島以南に分布する。とすれば関東以北での，ダイズサヤタマバエの冬寄主は何かということになる。そこで既知のハリオタマバエ属で，"冬型"の生活史をもつ種が候補にあげられた。

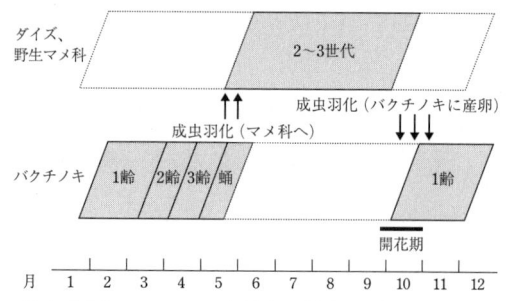

図1. ダイズサヤタマバエの生活史の模式図 (上地・湯川, 2003より)

そして，私にとってはかなり因縁の深い [p.195]，ヒイラギミタマバエ [*Asphondylia* D としたもの] が，ダイズサヤタマバエの次なる第2の冬寄主であることが明らかになった (Uechi et al., 2005)。

いずれにせよ，DNA分析という新技術が，生活史の研究とうまく結びついて，分類・記載が進み，懸案の課題が急速に解決していくのを見るのは楽しい。

[文献]

- Uechi, Tokuda and Yukawa (2002), Distribution of *Asphondylia* Gall Midges in Japan. ESAKIA No.42 : 1-10
- 上地・湯川 (2003)，ダイズサヤタマバエの命名と冬寄主の発見　植物防疫　57巻7号：309-313
- Yukawa, Uechi, Horikiri and Tuda (2003), Description of the soybean pod gall midge, *Asphondylia yushimai* sp. n., a major pest of soybean and findings of host alternation. Bull. Ent. Res. 93 : 73-86
- Uechi, Yukawa, Usuba (2005) Discovery of an additional winter host of the soybean pod gall midge, *Asphondylia yushimai* in Japan. Appl. Entomol. Zool. (2005), 40 (4) : 597-607

ヨウシュヤマゴボウミフシの冬寄主 [p.191-198]

勤め先のホームページの「掲示板」"これは何だろうの広場" に，大変な画像がとびこんできた。ヨウシュヤマゴボウ (アメリカヤ

マゴボウ）の少し変形した果実から数個の蛹殻がつき出ている見事な虫こぶの画像である。早速「恐らくハリオタマバエ属による」と答えておいた。画像は，広島県福山市（小橋理絵子氏，2005 年 7 月 4 日）でのもので，とにかく便利な世の中になったものだ。ところが，この情報に"メル友"がすぐに反応して，群馬でも見たという（鶴田初江氏）。すぐに連絡し，虫こぶを送ってもらい，これから成虫を羽化させることができた（2005 年 7 月 24 日）。

こうなったら早い方がよいと，7 月 23 日に前橋市の小暮市郎氏に案内していただき，富岡市〜甘楽町の高速道路の側道で，多数のサンプルをゲットできた。これから脱出したハリオタマバエや寄生蜂を，DNA 分析用として沖縄の上地奈美氏に送った。採集地の状況からは，このタマバエと関連しそうなのは，ネズミモチ・イボタ・ノブドウあたりかと予想した。

北米原産のヤマゴボウ類につくハリオタマバエは北米でも記録がなく，もちろん日本のマルミヤマゴボウ・ヤマゴボウからも知られていない。恐らく既知のハリオタマバエ類のあるものが，夏世代の宿主の一つとして，新参のヨウシュヤマゴボウに目をつけ，利用範囲を拡大したのではと考えた。

現在のところ，分布は広島・群馬（上記の他，桐生市，2006 年 9 月 10 日 小暮市郎氏）だが，もっと広く分布しているにちがいない。果実の変形がそれほど著しくないので，半身を乗り出した蛹殻が脱落してしまえばわかりにくい。東京（渋谷・上野公園）でも脱出孔のある果実を見ているが，確認できないでいる。

DNA 分析の結果は，第 6 回双翅目国際会議（福岡市，2006）で，ポスター発表された（Okamoto et al., 2006）。それによると，ヨウシュヤマゴボウミフシからのタマバエは，キヅタミタマバエ・ヘクソカズラツボミタマバエと同種だという。つまりキヅタミタマバエ（*Asphondylia* sp.［注 1］）は冬寄主としてキヅタの果実を変形させ（キヅタミフシ），5 月ごろ羽化した成虫はヘクソカズラやヤマ

ゴボウに産卵する。その結果ヘクソカズラツボミホソフシやヨウシュヤマゴボウミフシが生ずる。これらの虫こぶから，秋に羽化した成虫が，今度はキヅタの果実に産卵する。少し問題はあるが，一応このように要約できる。

　つまり，ヨウシュヤマゴボウは，ヘクソカズラとともにキヅタミタマバエの夏寄主ということになる。ここでのヘクソカズラツボミホソフシは，恐らく筆者が最初に記録したが，その後の記録が少なく，少々気になっていたのだが，一応解決したので一安心。

　キヅタミタマバエの属するハリオタマバエ属（*Asphondylia*）では，キプロス島のイナゴマメ（冬寄主）とトウガラシなど8科にわたる植物（夏寄主）との間で，寄主の転換が行われていることが報告された（Orphanides, 1975）。

　日本でも生活史や飼育実験，DNA分析などで
　ノブドウミタマバエ……

　　　　　　　　　[ノブドウ・ヤブガラシ ⇌ ニシキウツギ類]
　ダイズサヤタマバエ……　[ダイズ ⇌ バクチノキ・ヒイラギ]
　キヅタミタマバエ……

　　　　　　　　　[ヨウシュヤマゴボウ・ヘクソカズラ ⇌ キヅタ]
などの，寄主転換が明らかになってきた。しかし，日本にはこの他に10種ほど"正体"が明らかになっていないハリオタマバエがあり，まだ未発見の種がいるような気がする。

　そして，研究が一つ進むと，また新しい問題が浮上してくるので目が離せない。DNA分析など新しい技術の進歩にはついていけなくとも，個々の生き物の生活や分布を調べていくことで，専門家の研究をサポートできる余地はまだまだありそうである。虫こぶを調べていて，生き物はメインルートの他にいくつものサブの生き方を準備しているような気がしてならない。

　自然はなかなか素顔を見せてくれない。その意味ではやさしくない。そのことにまたくすぐられる。

ともあれ，サンデーナチュラリストや"メル友"からの情報を専門家に伝える仲介人の役割を一つ果たせてうれしく思っている。

［注1］キヅタミフシとキヅタツボミフクレフシ［p.192, 193］とは，恐らく別種のタマバエによる。

［文献］
・Okamoto, Uechi and Yukawa (2006) Host alternation by the *Paederia* flower bud gall midge, *Asphondylia* sp., with phenological information on its emergence and oviposition season（第6回双翅目国際会議—23 − 28／IX, 2006, 福岡市）

［参考文献補遺］

青木重幸(1997) ゴールを形成するアブラムシとその寄主植物．昆虫と自然 32-12：13-17
阿部芳久(1997) 虫えいを形成するタマバチの生活史．昆虫と自然 32-12：18-23
薄葉重(2003) 虫えい雑記XI．インセクト 54-1：53-54（昆虫愛好会—宇都宮）
薄葉重(2005) 虫えい雑記XII．インセクト 56-2：171-175
薄葉重(2003) 虫こぶハンドブック．pp.82（文一総合出版）
巣瀬司(1997) 虫こぶをつくるタマバエの生活史戦略．昆虫と自然 32-12：24-28
宗林正人(1958) イスノキに虫瘤をつくるアブラムシ2種の生活史．AKITU Vol. 7：89-92
宗林正人(1960) イスノキに虫瘤をつくるアブラムシ2種の生活史．生態昆虫 8 (3)：105-10
宗林正人(1975-78) 樹木に寄生するアブラムシ．森林防疫 24 (8) - 26 (11)
滝沢幸雄(2005) ブナタマバエ類の生態に関する研究．比和科学博物館研究報告 45号：pp.162, 図版 I − VIII.
桝田長(1997) 日本産タマバチの生活．pp.109（自刊）
宮武頼夫(1997) 虫えいを形成するキジラミ類の生活史．昆虫と自然 32-12：8-12
湯川淳一・桝田長(1996) 日本原色虫えい図鑑．pp.826（全国農村教育協会）
湯川淳一(1997) 虫こぶをつくる昆虫の生活史戦略．昆虫と自然 32-12：2-7

著者略歴
薄葉　重（うすば・しげし）

1931年，栃木県那須町生れ
1954年，東京教育大学理学部生物学科卒業後，東京都内の中学校，高等学校に勤務し，理科教育にあたる。
1992年，東京都立両国高等学校を定年退職。都立白鴎高等学校嘱託。
1994年〜2007年，東洋工学専門学校建築エコロジー科・東京環境工科専門学校で，生物教育・環境教育にあたる。

※本書は，自然史双書6『虫こぶ入門—虫と植物の奇妙な関係』（1995年，初版第1刷発行）を，増補したものである。

虫こぶ入門—虫えい・菌えいの見かた・楽しみかた［増補版］

2007年3月30日　初版第1刷発行

著　　者	薄　葉　　　重	
発 行 者	八　坂　立　人	
印　　刷	(株) デ ィ グ	
製　　本	ナショナル製本協同組合	

発 行 所　　(株) 八 坂 書 房

〒101-0064　東京都千代田区猿楽町1-4-11
TEL.03-3293-7975　FAX.03-3293-7977
URL.：http://www.yasakashobo.co.jp

落丁・乱丁はお取り替えいたします。　　無断複製・転載を禁ず。

ISBN978-4-89694-889-9
© 1995, 2007 Shigeshi Usuba